Interior Design China

ARCHINA 建筑中国　编

室内中国

（下册）

广西师范大学出版社
·桂林·

目录

人居空间 115

文化教育 141

展览展示 237

索引 306

商业零售

RETAIL

重庆一奥天地

行走的美术馆

设计单位： J&A 杰恩设计
项目地点： 重庆
项目面积： 50 000 平方米
完成时间： 2020 年
项目摄影： 李雪峰
主要用材： 仿水磨石砖、古铜色不锈钢、水纹不锈钢、木纹格栅、白色格栅

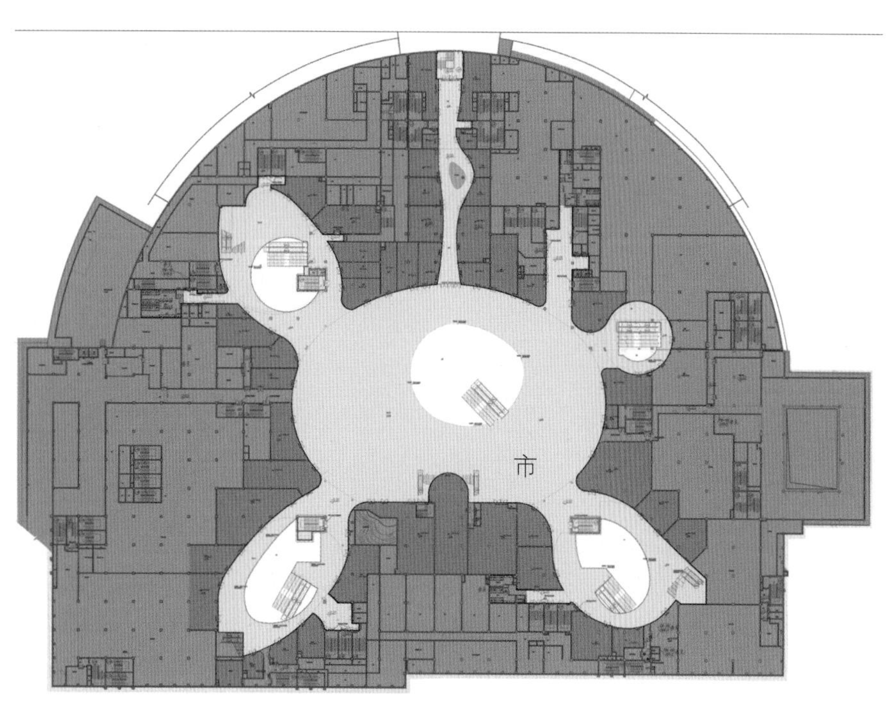

地下一层夹层平面图

重庆一奥天地（The Oval）位于重庆市两江新区，被定位为“乐享生活的新锐主场”，是西南地区首个策展型艺术商业项目，同时为两江新区乃至重庆带来全新的泛艺术生活方式体验。

项目前身为废弃的地下商场，结构保存完好。地上部分为公共绿地，上面种植了富有层次感且种类丰富的植物。设计师希望以最简约的设计方式，尽量少地破坏现有植物，使建筑在体现昭示性的同时，又能与环境和谐共生。

▼ 拓展阅读

THE OVAL
奥天地

设计的形象面："指环"构架

设计团队结合中央下沉广场的边缘，以"山城"重庆起伏的山脉为灵感，打造出"向下"探索的山谷式造型，设置了一个简洁且富有层次感的"指环"构架。"指环"面向南侧的公园和轻轨，成了整个项目的形象面。

"指环"构架由玻璃幕墙和竖梃组成，竖梃中央预留 LED 灯光点位，使得"指环"构架不仅拥有日间简洁通透的公园特质，更在夜间色彩斑斓的灯光渲染下，获得耀眼又充满活力的商业特质。

在转角处打造下沉场地：加强竖向联系

设计师在场地主要转角部位设置了几个小型下沉广场。它们不仅为地下商业空间和公园之间创造了很强的竖向联系，同时也把公园的景观主题引入地下商业空间，使得地上和地下空间更加有机地结合在一起。有限的地上空间被分割为不同的功能区，加入运动跑道、儿童游憩区、艺术装置和景观绿化等元素，充分利用了场地的天然独特性，使地上景观与地下商业形成良性互补，动线规划相互融合。

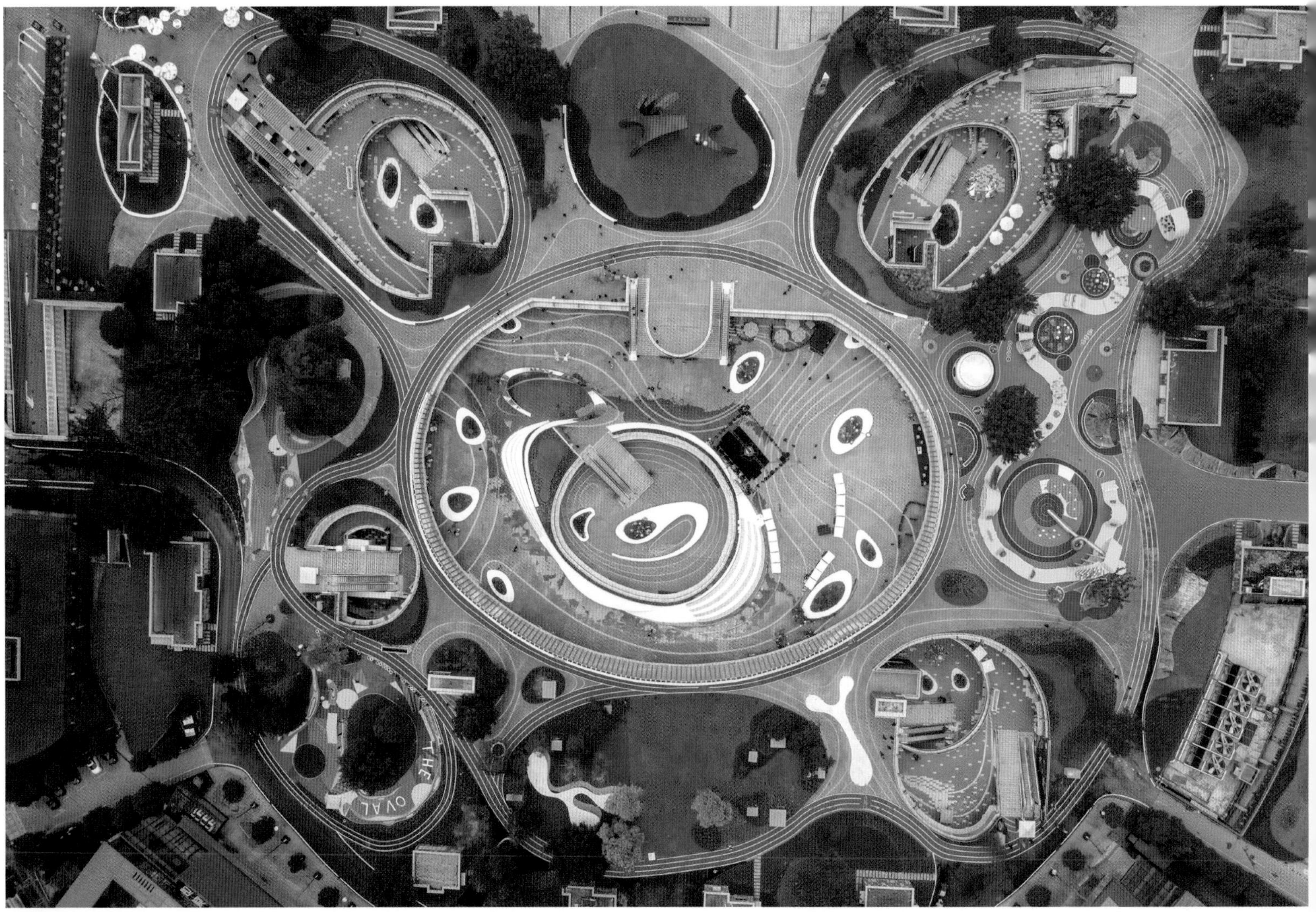

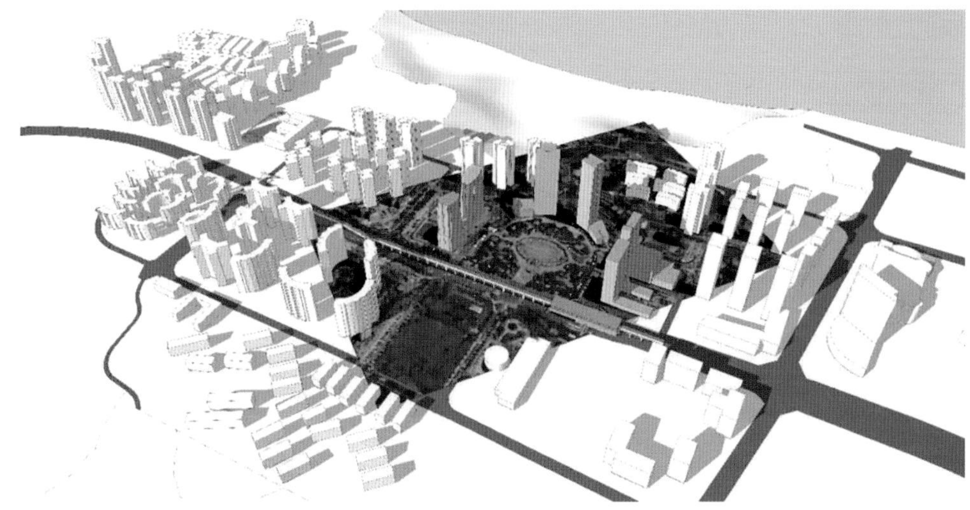

场地现状

场地分析

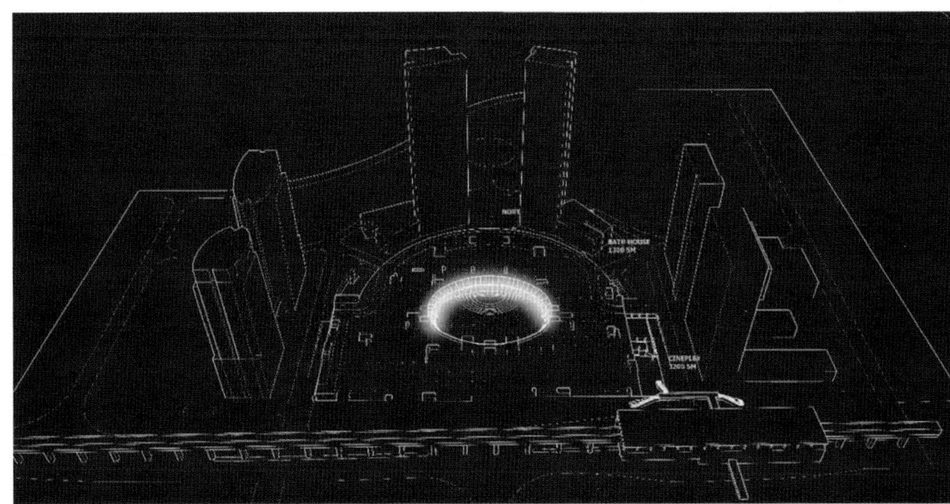

“指环”架构示意图

场地效果图

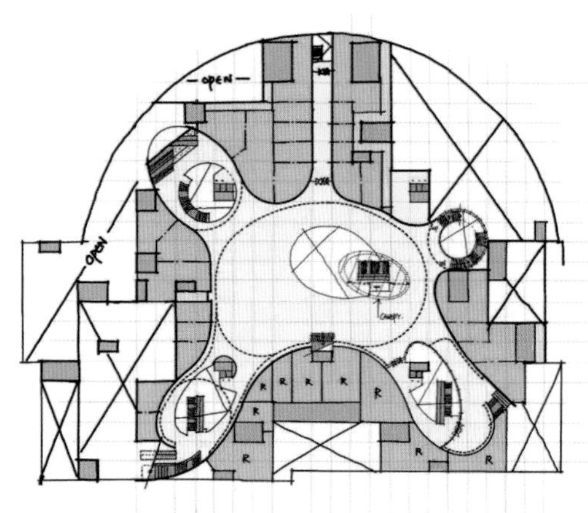

地下一层夹层平面图（手绘）

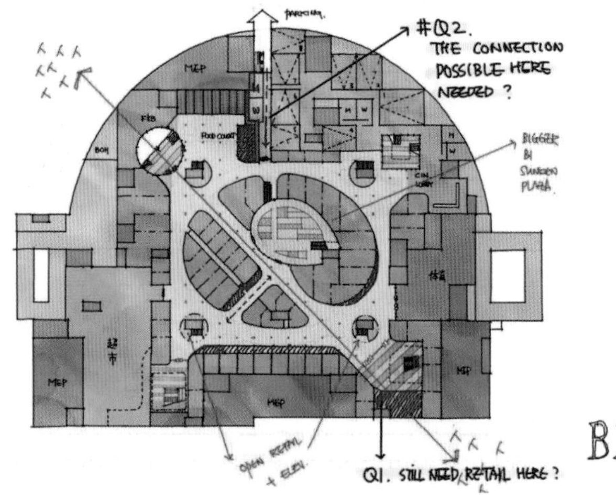

地下一层平面图（手绘）

商业设计：全新的功能业态

城市更新的过程不仅是建筑空间的更新，更是对功能业态的更新。地下一层夹层空间层高 4.2 米，具有天然的室内及户外空间，是地上和地下交通互动的区域。

地下一层夹层广场周边布置了适合外摆的轻餐饮业态，同时着力打造景观水景、吧台、树池等优化空间尺度的小品，使得这一区域成为最具活力的地带。

地下一层是封闭的地下室内空间，总体层高 4.8 米，局部层高 9 米。新业态的规划利用这一结构条件，将超市、美食街等需要较高层高的主力店业态安排在了地下一层。设计尽量挣脱现有结构的束缚，根据“单环四角一中心”的格局，同时通过对主次动线空间的定位、视线通廊的规划以及室外光线的引入，成功地打造出一个舒适的地下可呼吸空间，破解了原有地下空间封闭的难题。

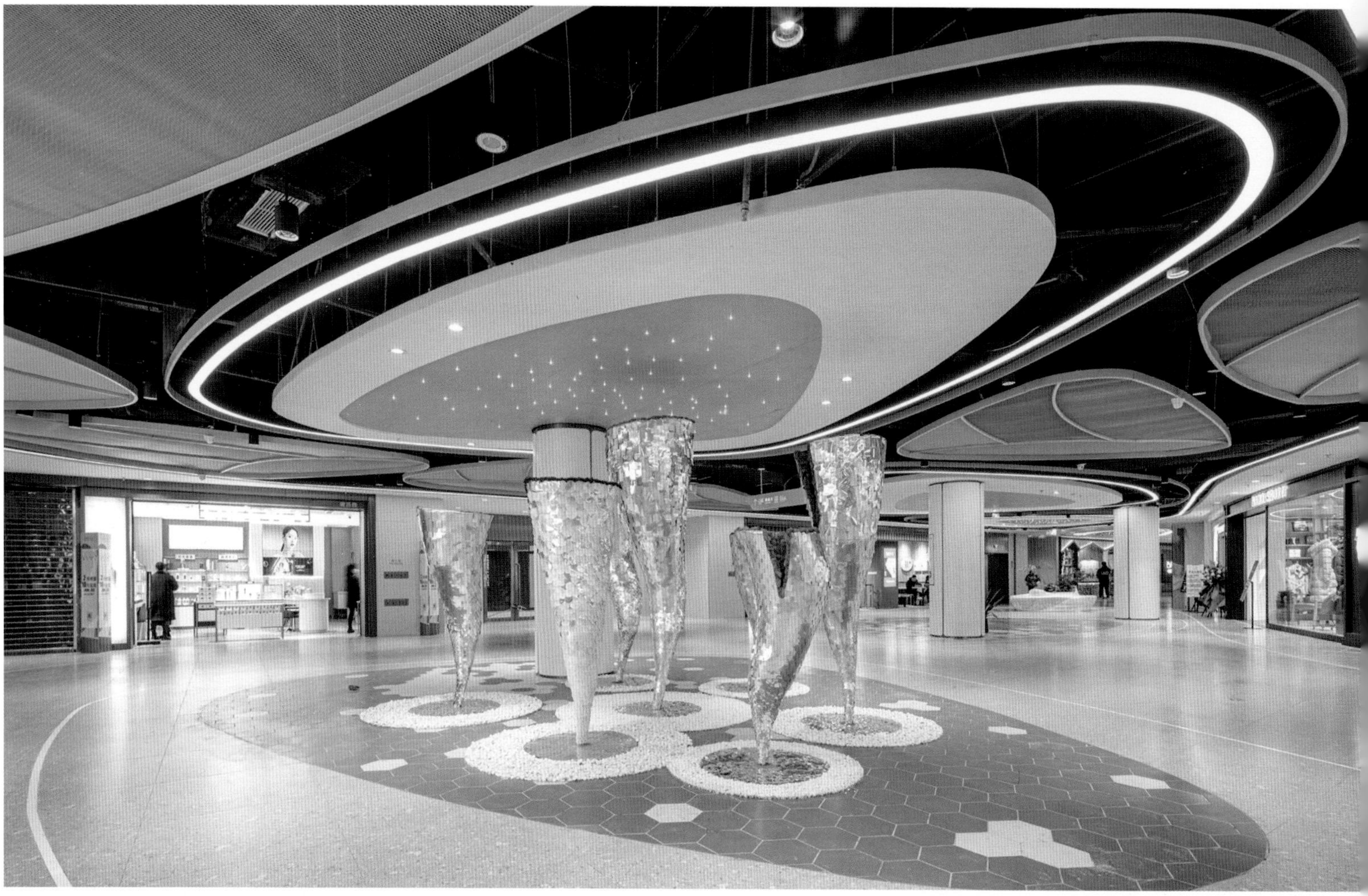

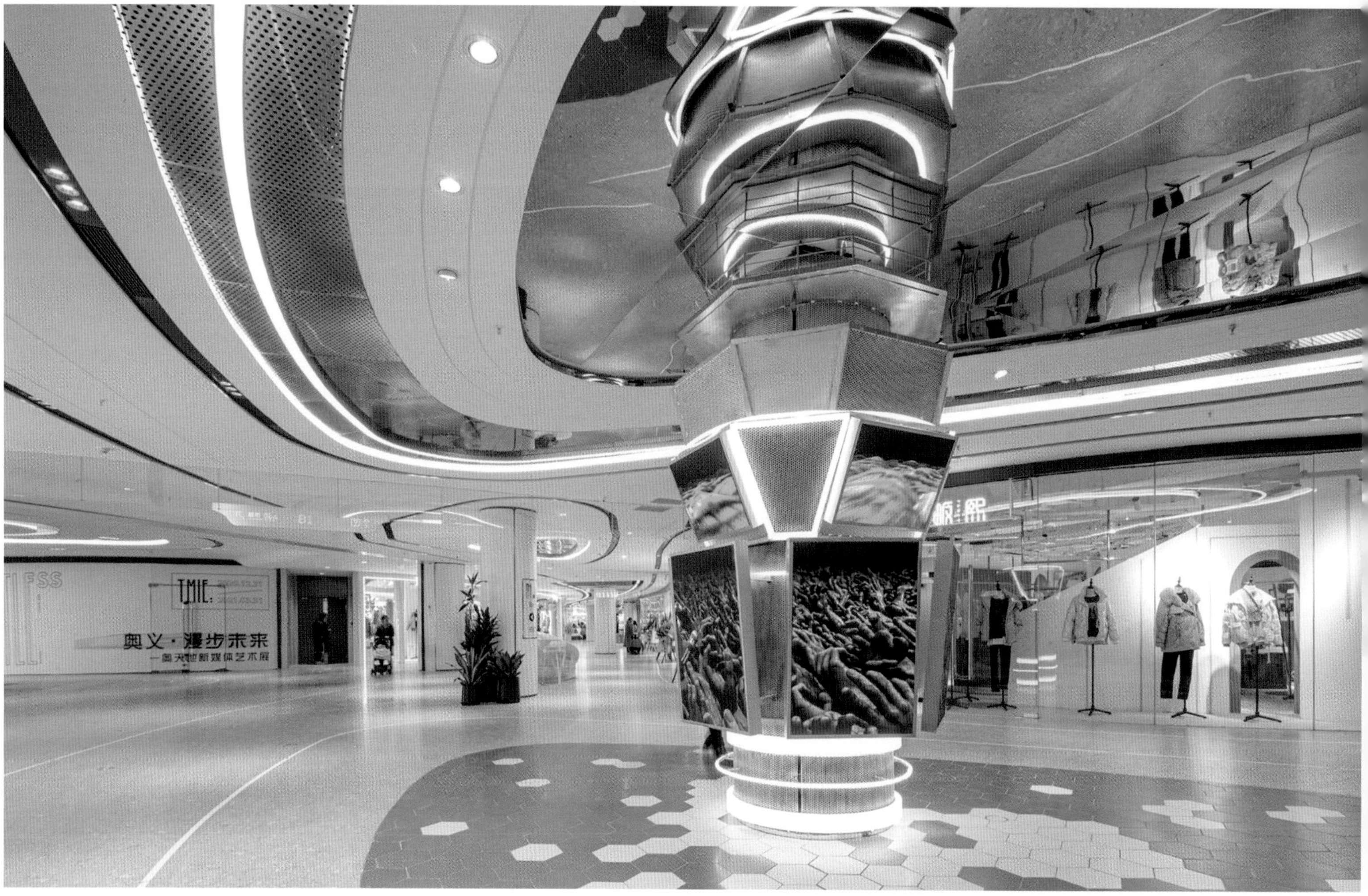
TIME:
奥义·漫步未来
一奥天地新媒体艺术展
B1

室内设计：行走的美术馆

在设计之初，设计师便提出“什么样的创享空间才能唤起青年客的冲动？”这一命题，以“行走的美术馆”的理念打造具有格调和艺术感的地下休闲购物环境，创造更多适合现代年轻人沉浸的商业空间。

设计的灵感来源于加来道雄博士所著的《平行宇宙》。设计师通过打造多点贯穿式场景，映射出与宇宙有所关联却完全不同的新世界、新物种、新元素。

室内空间整体运用了流线的设计，增强流畅的空间体验，简化过多烦琐的装饰手法，提高商品在空间中的地位，降低顾客在空间中行走的疲倦度;消化空间中的不利因素，结合空间特性，多维度地给予顾客不同方式的购物体验，着力呈现出时尚、潮流、欢乐、先锋等商业特征。

设计师利用一个双层流线型的休憩步梯打造了室内空间的交互场所。弧形的步梯不仅打破了封闭的盒装空间，使空间体验更加随意而多变，而且更好地和空间以及空间中的人、事、物进行了既有形又无形的连接。同时，连接四大中庭的过渡区域，结合主广场的玻璃幕墙，让光进入地下空间，弱化了空间给人带来的阴暗感。

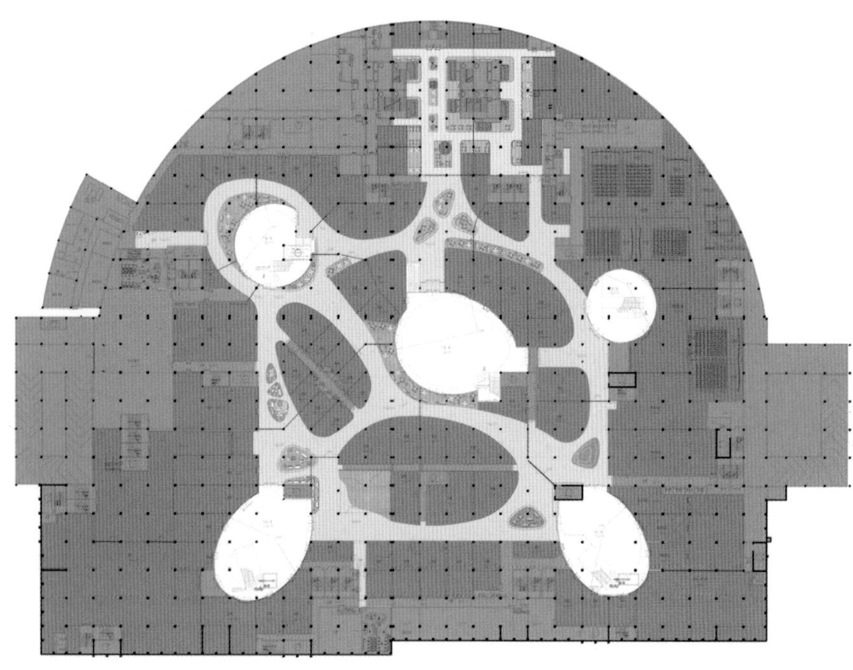

地下一层平面图

母婴室
NURSERY

Smelix 仕觅男装高定店

海派情怀、丝绸之路与前卫态度的自如传达

- **设计单位：**壹舍设计
- **主创设计：**方磊
- **设计团队：**蒙程鹏、党永永、胥磊
- **视觉陈列：**李文婷、孙雨辰
- **项目地点：**上海
- **项目面积：**320 平方米
- **完成时间：**2020 年
- **项目摄影：**张静

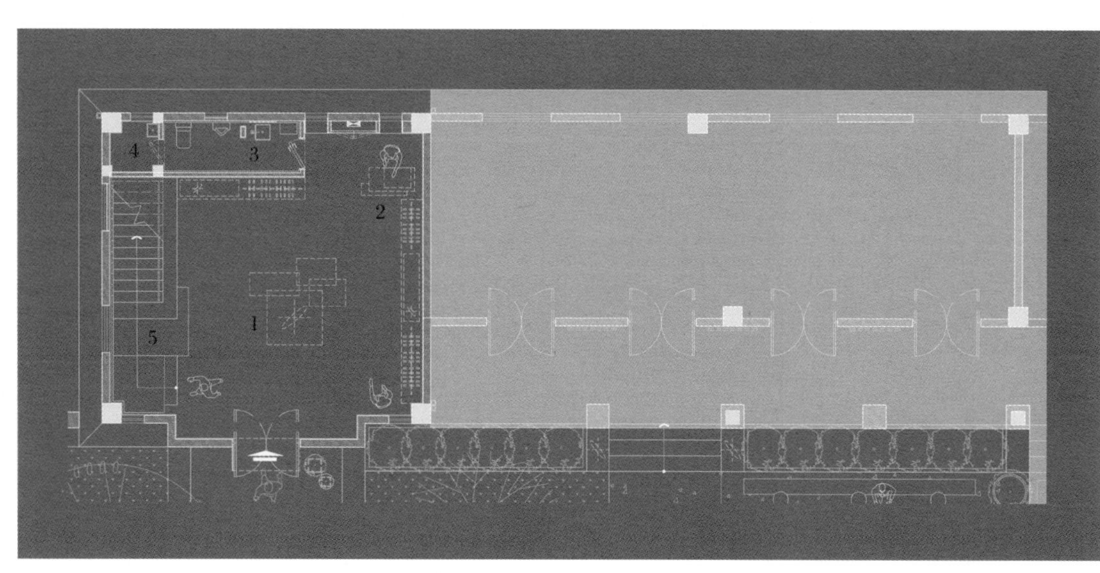

一层平面图
1 展示区
2 接待台
3 卫生间
4 储藏间
5 楼梯

在上海原“法租界”建国西路与嘉善路的交会处，梧桐掩映，洋房林立，旧时的韵味与国际化的生活气息交织，处处体现着海派大都会的优雅风情。Smelix 仕觅男装高定店正坐落于这条时尚街道上。

设计师尝试放大建筑特有的法式风情，并将本地文化引入其中，基于极具个性的外立面及斜顶样貌，配以雕刻金属板的拱形门廊与利落的大块面板，令一种古典与现代的矛盾美学应运而生。

▼拓展阅读

建筑肌理，格调升华

室外自有一股半遮半掩的朦胧之美，踏入室内更别有洞天。开敞的展陈区，大体量的格架横贯墙面，在线性灯带的渲染下极具视觉与空间张力，优雅格调不彰自显。

自带岁月痕迹的灰砖，粗犷与细腻并存的马来漆，硬朗的水磨石、金属，以及温润的木饰自然过渡，烘托出安静质朴的氛围。这里有着新旧材质的对话与碰撞，亦与原“法租界”的历史与地域特征遥相呼应。

楼梯处的设计借鉴了园林景观手法，试图刻画出山峦层叠之状，既满足了上下层连接，又拿捏处理了层级关系，并使之与产品展示相结合，在这一隅构造出引人注目的模特区域。

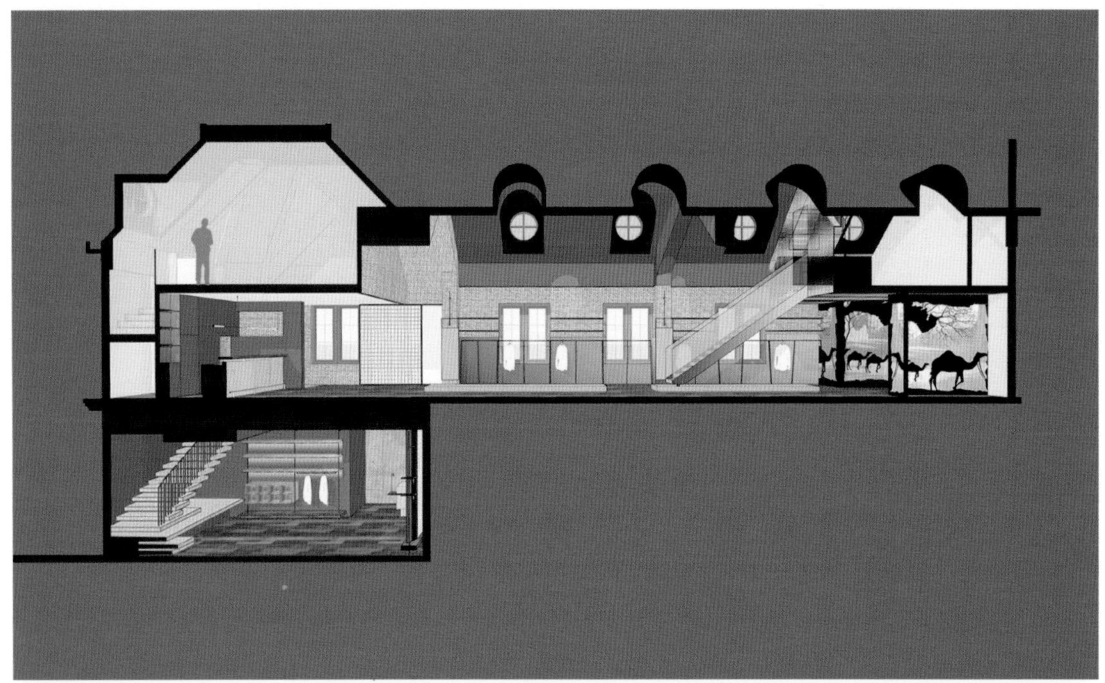

剖面图

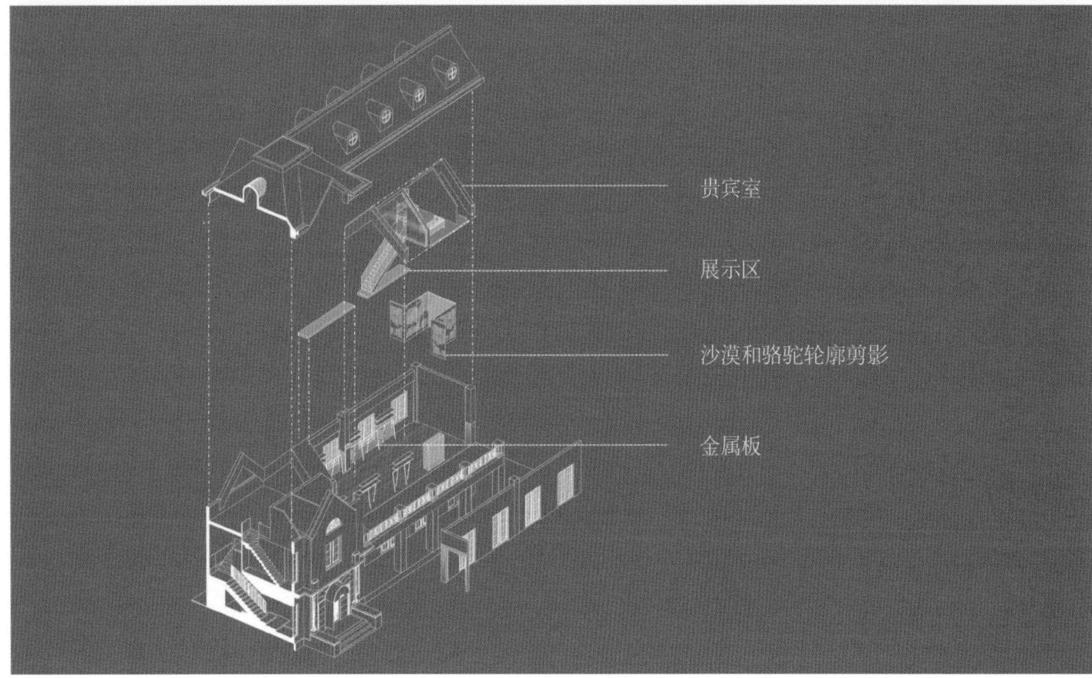

分解图

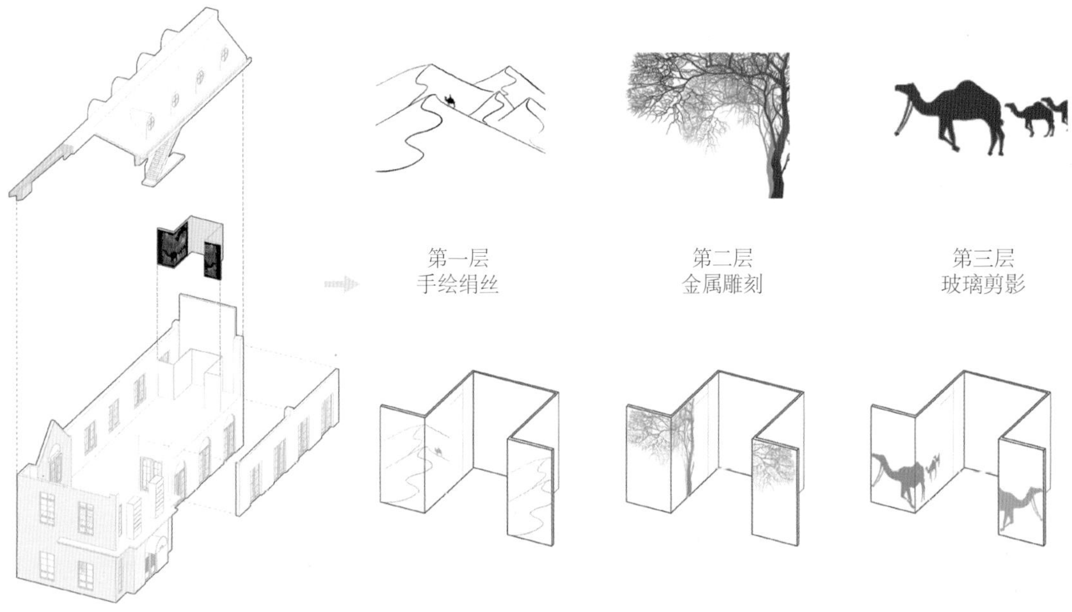

“丝绸之路”工艺拆解

时尚展陈，丝绸之路

让人文、艺术与时尚相交融，是设计师重点思考的要义之一。将“T台秀场”与“丝绸之路”的理念引入其中是为了凸显服装的最佳展陈与品牌型格的魅力渲染。

T台与由此而上的盒子体量，是访客抵达二楼的第一视线落点。在开放的格局中，当季新品可随意或集中展陈，访客能近距离品味高级定制的卓越风姿。而中央陈列的设置，还可分隔两端的产品，塑造自由灵动的穿越关系，在光影的变化中充满秩序感，又给予访客进一步的视觉延展。

保留下来的原始建筑斜切顶面、穹形窗口，以及一系列倾斜体块，因光和镂空结构建立起关联。室内随着光线的流动展现了不同的姿态，阳光洒落时，仿佛凝成真正的T台追光灯，神奇而又震撼。

沙漠与骆驼的剪影随即而出，两侧提取古城墙形态，结合窗体原始结构进行整合，借金属板的韵律排布，勾勒沙石交错的起伏形态。骆驼包裹围合的空间即是试衣区。

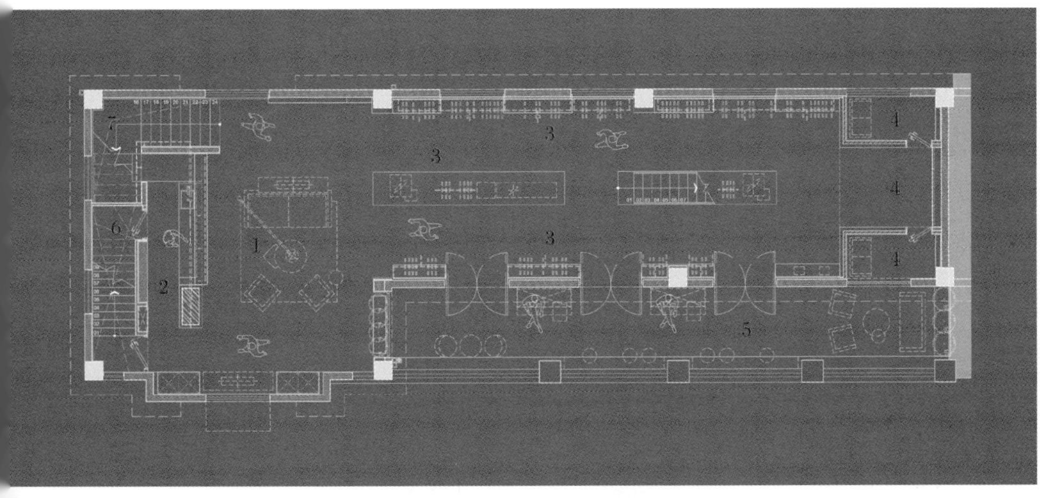

二层平面图
1 休闲区
2 水吧台
3 展示区
4 试衣区
5 露台
6 储藏间
7 楼梯

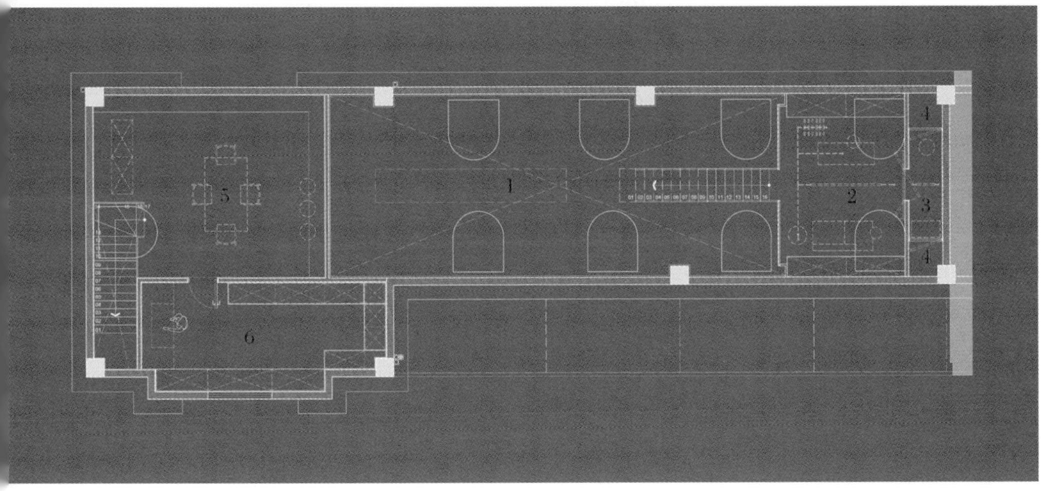

二层夹层平面图
1 挑空区
2 贵宾室
3 试衣间
4 储藏间
5 办公室
6 裁衣间

顾客至上，极致体验

为了更好地呈现实用与创意兼具的优质环境，设计师通过色彩美学、几何构成、软装陈设等多重元素的组合创造，与 Smelix 高定品牌的概念精神相契合，打造沉浸式消费场景，勾勒多维体验。

一层暖色调的橙黄还留有余温，楼上休闲区则采用不拘一格的混搭配色，在灰色肌理漆的映衬下营造一种亲切放松的洽谈氛围。红色斜顶与金色盒子的搭配，让历史与舞台元素彰显得更加浓烈。

VIP 室采用悬空式展现，仿佛驼峰的外化，又像辉煌的宫殿，这也是对“丝绸之路”理念的进一步完善。

除此之外，设计细节亦浓缩于点滴之处。镜子采用暗门形式，并可多角度旋转，以灵活适应访客的多样性需求，提供细致入微的体贴服务。

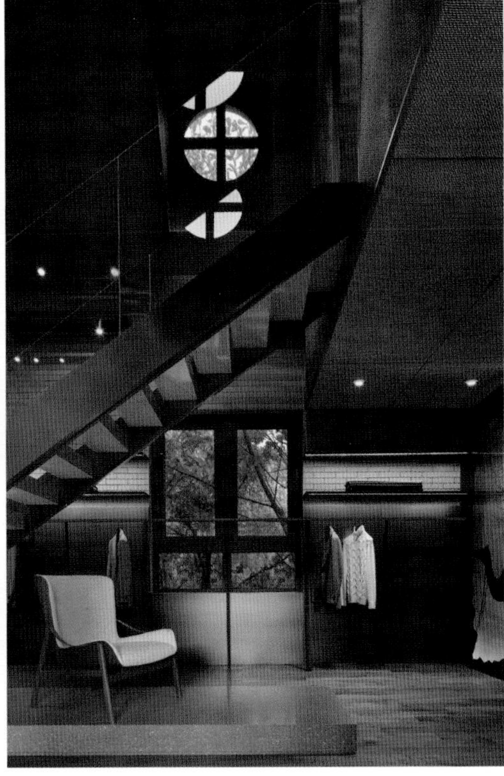

成都远大购物中心 A 馆

“Z 世代”商业环境

设计单位： Benoy 贝诺
主创设计： 庞嵚
项目团队： 徐春鸣、曾兆华、丁乐、马丽媛、王静筠、石泉
项目地点： 四川，成都
项目面积： 130 000 平方米（A+B 馆）
完成时间： 2020 年
项目摄影： SH Frank Art Center

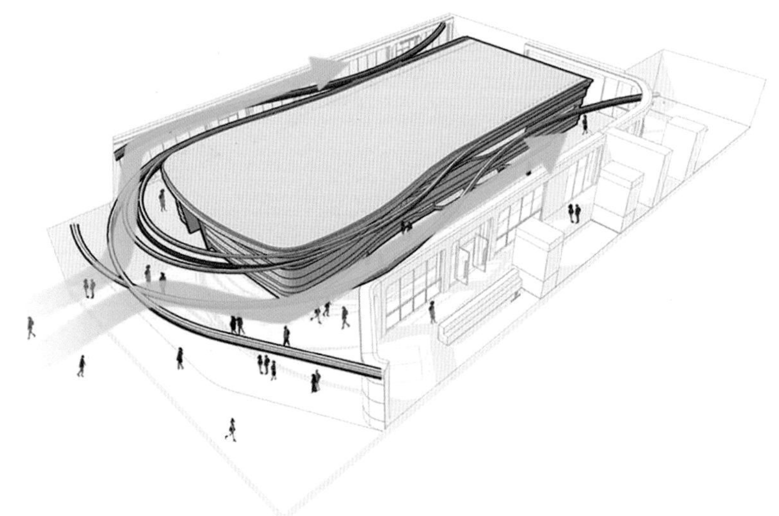

场地流线分析

成都远大购物中心 A 馆位于成都市高新区天府大道南段，即南北金融区的核心地带。13 万平方米的商业建筑体量，可以满足周边中高品质生活文化的需求。整个项目分为 A、B 两个馆，其中 A 馆已投入使用。A 馆内的商业氛围更趋向于潮流大众化，并且色彩的运用和空间组合的展现手法十分丰富。

▼ 拓展阅读

THE
FUTURE
BELONGS
TO
YOUTH

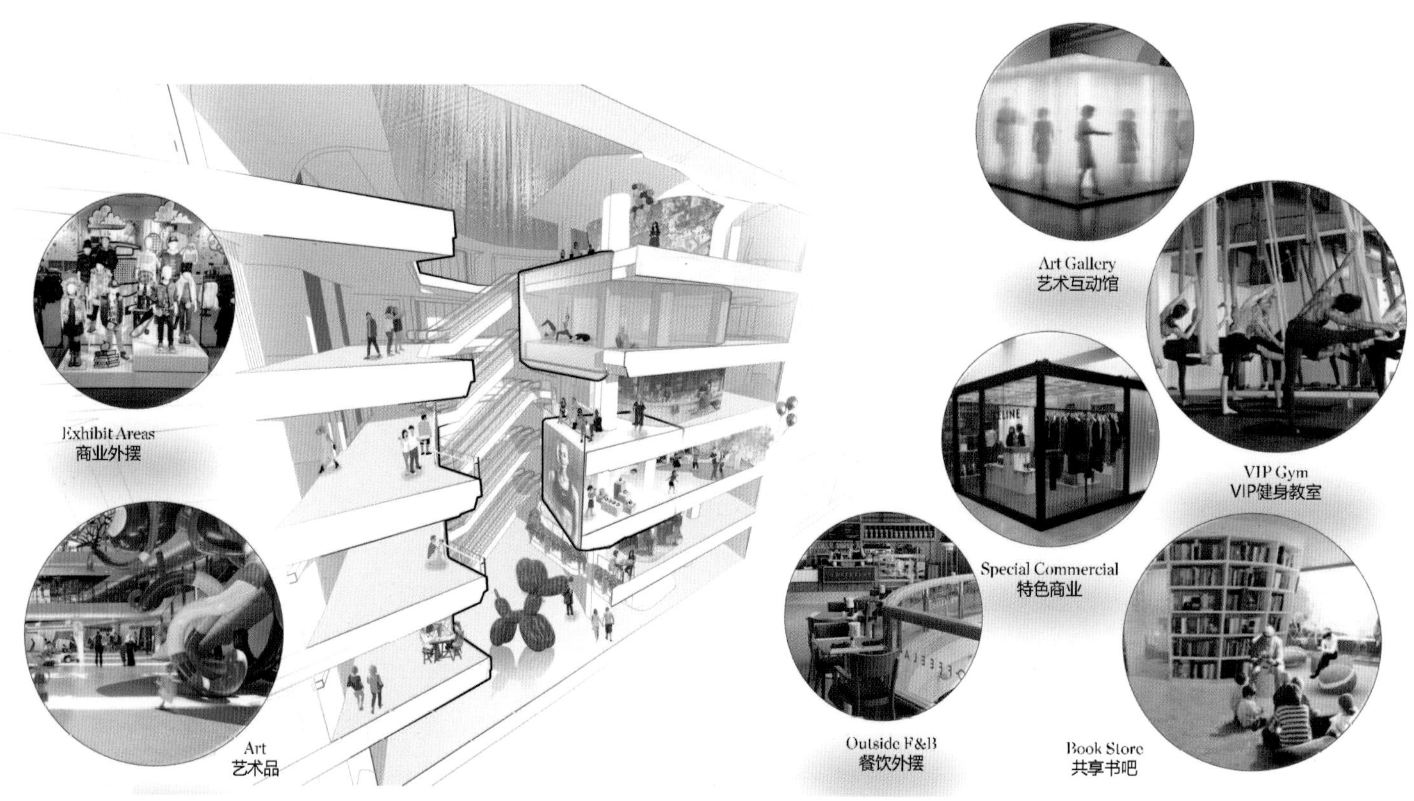
Exhibit Areas
商业外摆
Art
艺术品
Art Gallery
艺术互动馆
VIP Gym
VIP健身教室
Special Commercial
特色商业
Outside F&B
餐饮外摆
Book Store
共享书吧

设计分析图

生长

室内设计的整体概念是“生长”，这源于项目所在地的地理属性，成都远大购物中心 A 馆就如同埋在城市中心商业区的一颗种子，在这里生根发芽、蓬勃发展，注定未来将成为这片区域的商业核心。

A 馆地上共 8 层，设计师在室内中庭标志性地打造了两个从地面缓缓上升的“水晶盒”。“水晶盒”不仅成了整个空间的视觉中心，而且承载了很多的商业功能，具有极高的商业价值。购物中心入口的设计更是整个项目的吸睛之处，天花板的造型向外延伸，以模糊室内外的界限，天花板的造型灵感来源于一棵向四周生长蔓延的、枝繁叶茂的大树。而层层错落的退台让丰富多样的商业活动一目了然。

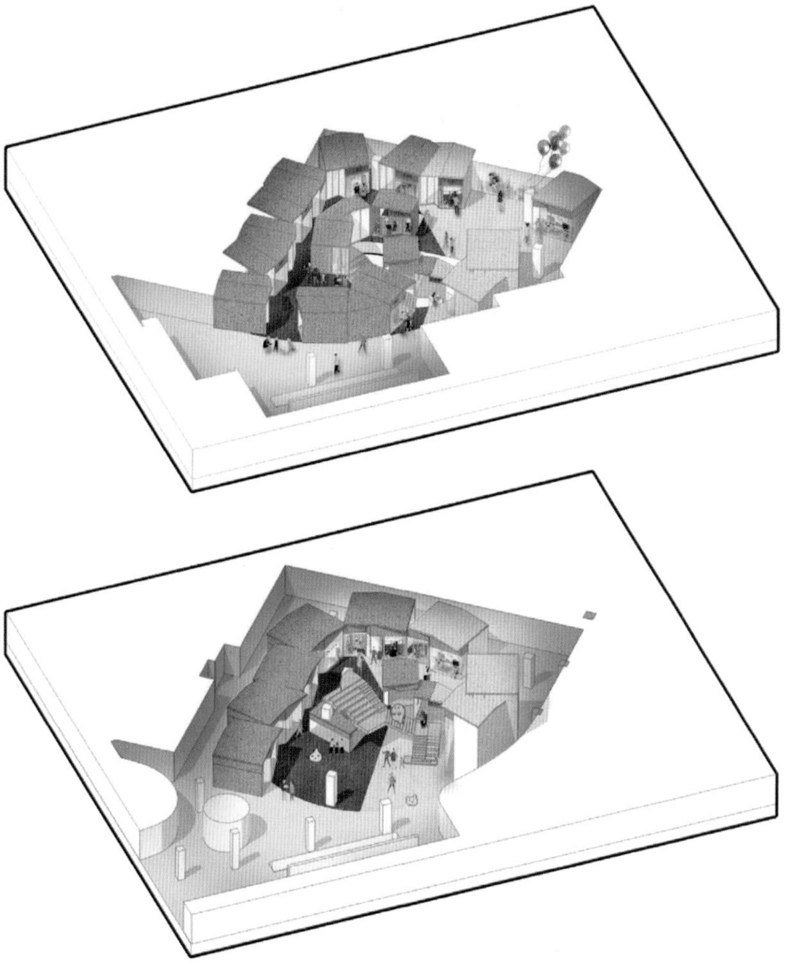

体量分析图

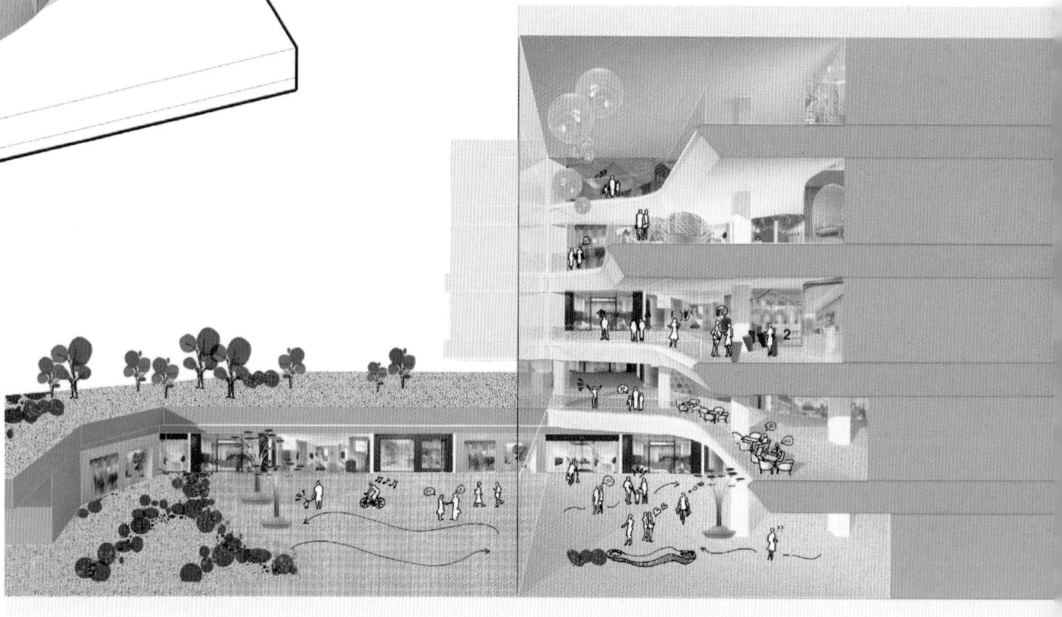

剖面图 1

探秘

设计师还在购物中心 7 层和 8 层打造了一个 IP 集市。相对于近年来较为流行的实景重现，团队认为极简化的传统文化更为高雅，且历久弥新。因此，他们将成都的传统建筑形式进行简化，利用材质及色彩的反差，在一个空间内打造出两种截然不同的情景氛围，形成戏剧化的场景体验。该设计的主题名为 “探秘”，既是寻找答案，也是寻找惊喜。

差异感与体验感

IP 集市的中心是一座多功能的楼梯，也是整个空间的衔接点和亮点。人们缓缓走上楼梯，楼梯的两侧坐落着各式各样的小店，有的是书店，有的是甜品店；穿过精致的书架和咖啡椅，又进入另一家精致的礼品店或手作工坊。

卫生间和电梯厅也都延续了“生长”的概念，利用“果实”作为元素，“果实”的表皮和内核的关系给设计师在材料上提供了灵感。现代时尚的弧形边角处理，形成一种微妙的科技感，局部点缀的色彩，给空间增添了年轻的氛围。

无论中庭边界的交错体块，还是中庭拾级而上的小房子，都是为了增强差异感和体验感，更好地与未来的业态和人的活动产生积极的互动。

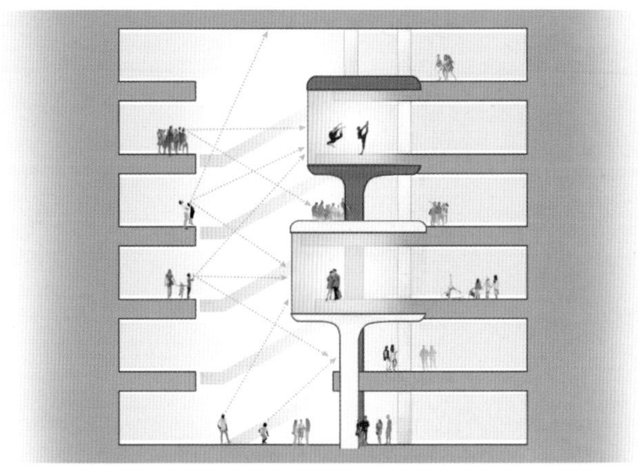

剖面图 2

Grand
CLUB
遠大會

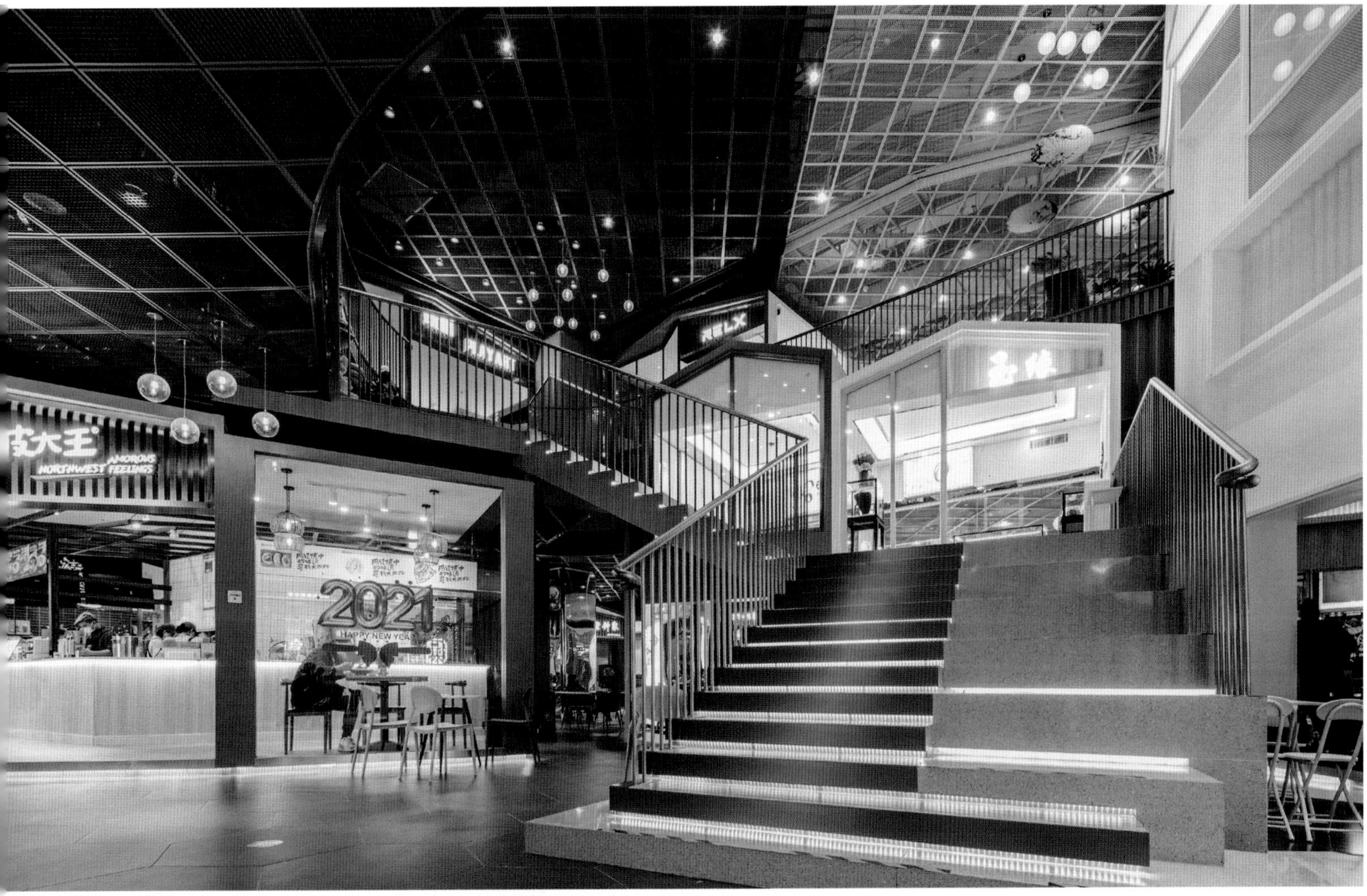
AMOROUS
NORTHWEST FEELINGS
RELX
2021

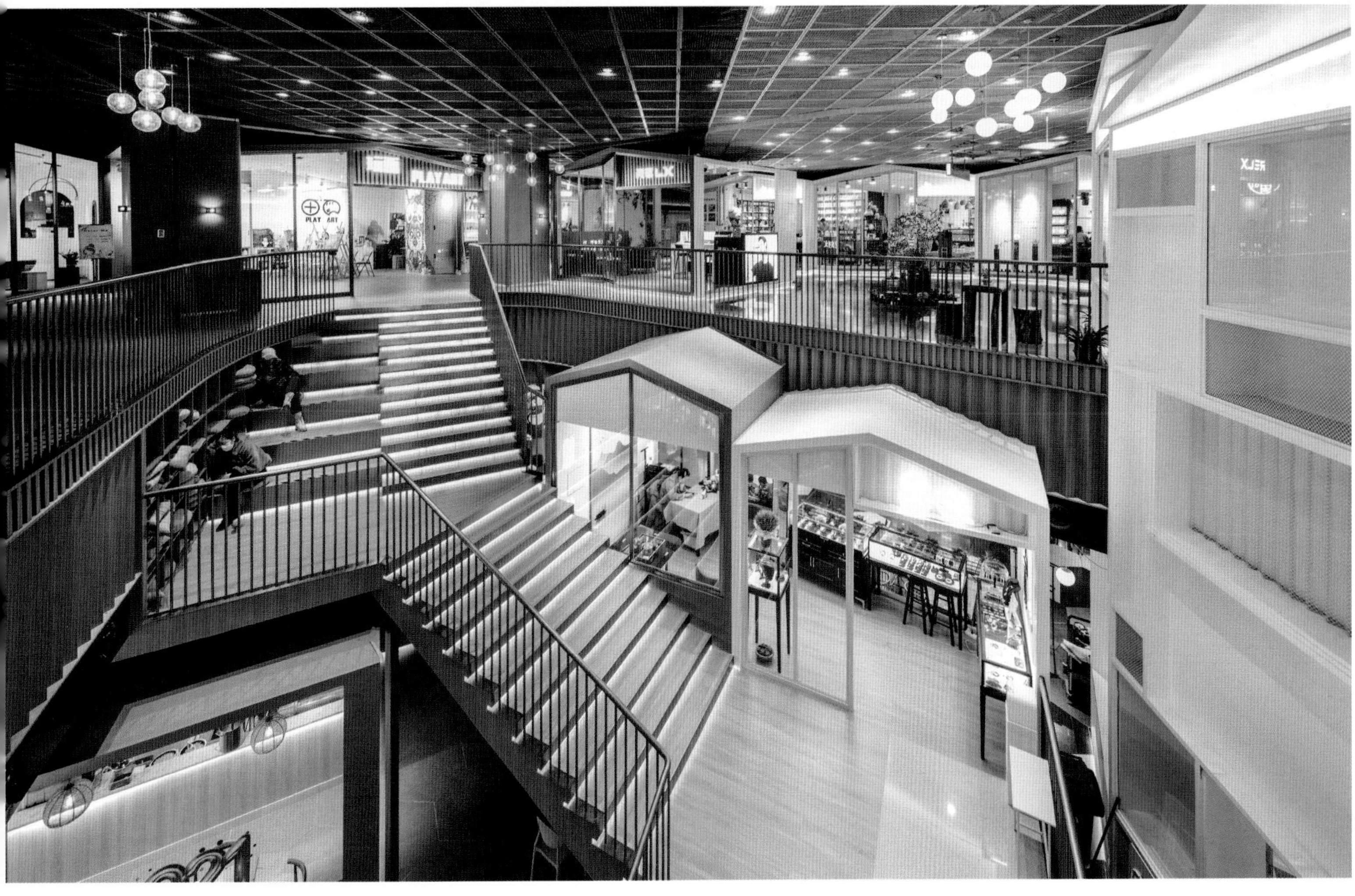
PLAY ART
RELX

都江堰钟书阁

美轮美奂的书天堂

设计单位：唯想国际
主创设计：李想
项目地点：四川，成都
项目面积：973 平方米
完成时间：2020 年
项目摄影：榫卯建筑摄影（SFAP）

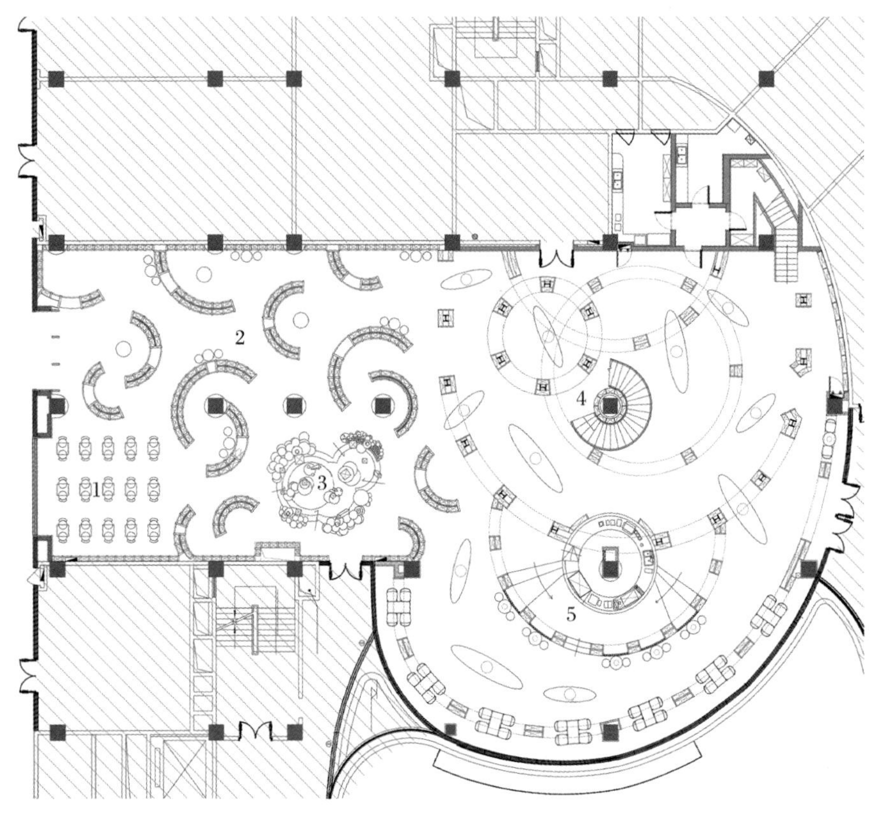

一层平面图
1 论坛区
2 阅读区
3 儿童阅读区
4 文学区
5 咖啡阅读区

在四川成都的西部，设计师为这座历史文化名城注入了新的活力，打造了一处“世外桃源”——钟书阁。在这里，人们看到了一座城，倾听了文化和智慧的对话，解读了凝练汇聚历史脉络的文思，体会了诗意种下的古老情怀，实现了深藏脑海中的梦想图景。

▼ 拓展阅读

CAFE
生活里没有书籍，就好像没有阳光。
智慧里没有书籍，就好像鸟儿没有翅膀。

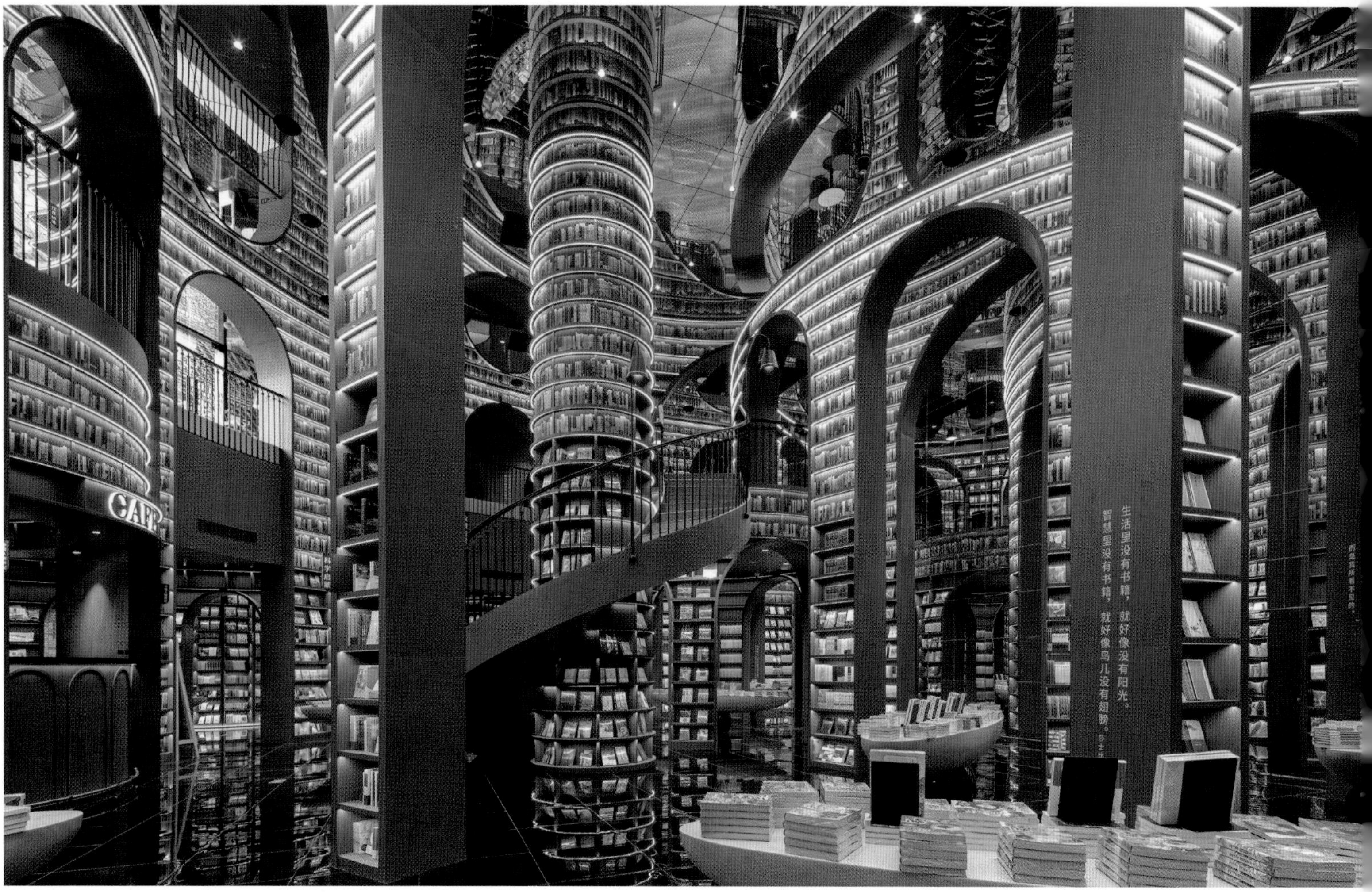

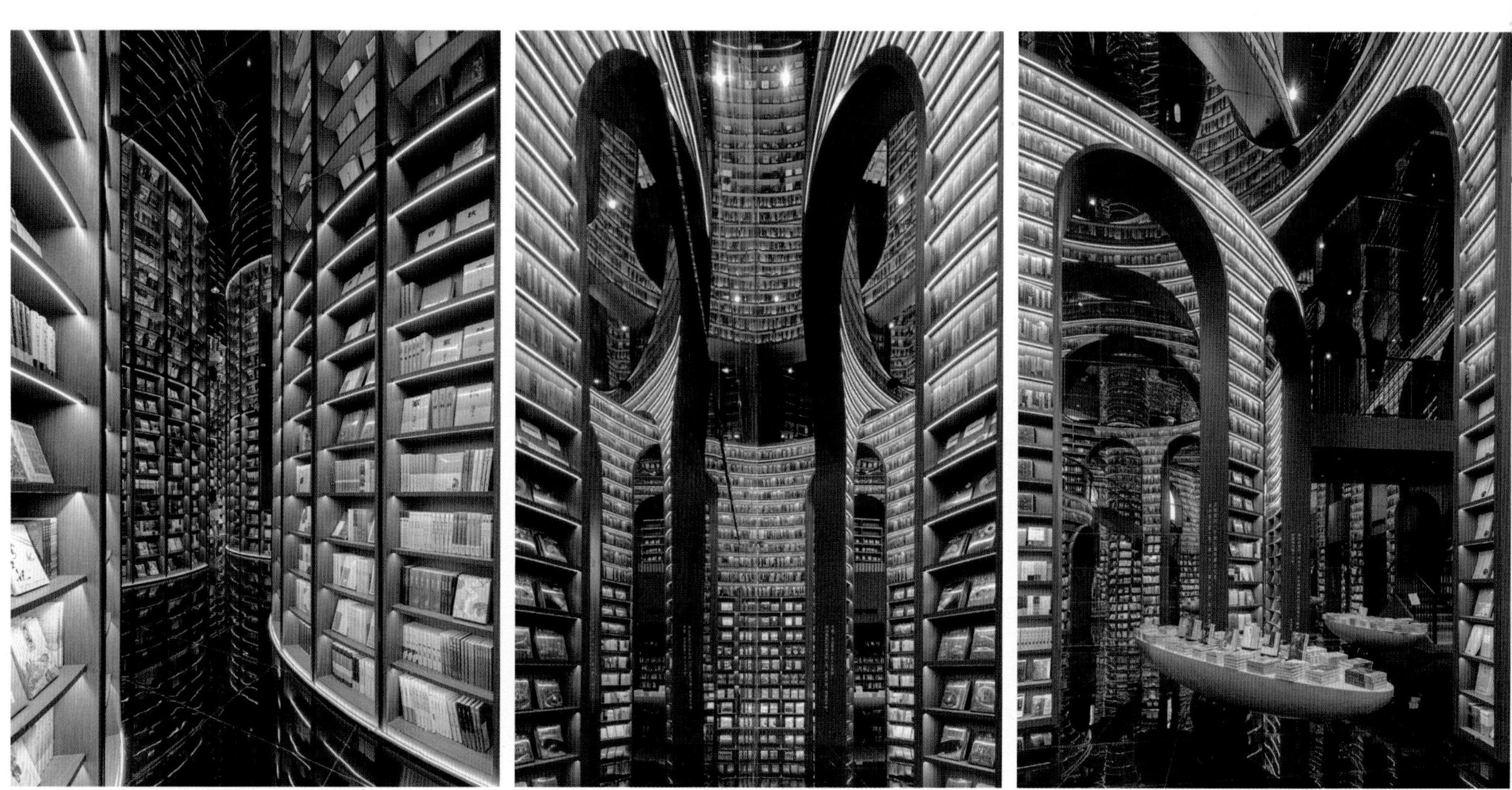

"忽逢仙境"

推开钟书阁的幕墙玻璃门，胡桃木色的C形片状书架簇生林立在眼前，看似不规则的环列构筑了天然的空间亲切感，成为前厅的一大亮点。项目的设计灵感来源于饱含岁月沉淀韵味的青瓦，其生动的曲面形态为店内带来独特的风格，并将各功能区巧妙布局分隔。穿梭游览在巨大的书架下，犹如循着室外屋檐散步，又如漫步于连绵的山峦间。

踏入阅读空间，立刻就能感知到不同于传统书店的空间氛围，以及文化厚重的底蕴。书架在空间主动线上陈列延展，形成巧妙的视线引导，抓住读者的好奇心。

"欲穷其林"

穿过蜿蜒纵深的书架墙，绘本区豁然显露。随性且不规整的绿竹艺化为书架，或倾斜摇曳，或于静默中生长。在环绕的竹林中，设计师用四川的代表元素——可爱的熊猫艺化为装饰，攀附在高高的枝干上，营造优美的意境，展现自然的生机；视线向下，形态各异的彩色小软垫堆叠成山丘形态，专为孩子营造了可爱梦幻的读书氛围，机动式的软垫还可以拆分开来供多人使用，方便儿童放松地席地而坐，打造了更舒适的读书体验。

"满城水色半城山"

来到中央文学区，设计师沿用钟书阁的镜面天花板将空间的延展感做到极致，营造开敞的通高之感。恢弘的都江堰水坝经过艺术化处理化身为书墙，蔓延向上，高耸巍峨。由船舶演化而成的摆书台静静停泊于"湖面"，在书架墙半遮半掩间划动、漂浮。任视线流转，每一隅都令人饱览无限美好。透过"坝体"上的门洞，视觉上的穿透与联动也得到了满足，不同功能区尽显眼底。

拿起一本钟爱的小说，来到舒适宜人的茶歇廊，在吧台点一杯咖啡，坐下静心品味艺术的醇厚与调性。不论阅读还是停留，都能领略到钟书阁特有的精神内核：给所有读者一个极具观赏性的空间，借以产生思想启发和价值创造。

高区的书架依附于楼梯后，图书陈设的范围和使用效率得到了改善。顺阶而上，拾书眺望，更能感到空间的磅礴之势。设计师通过端景的打造和内建筑的手法，将四川山河壮丽的气魄搬入室内空间，既慷慨地赠予读者震撼、优雅的艺术景观，又直白地抒发着对自然的敬畏之意。

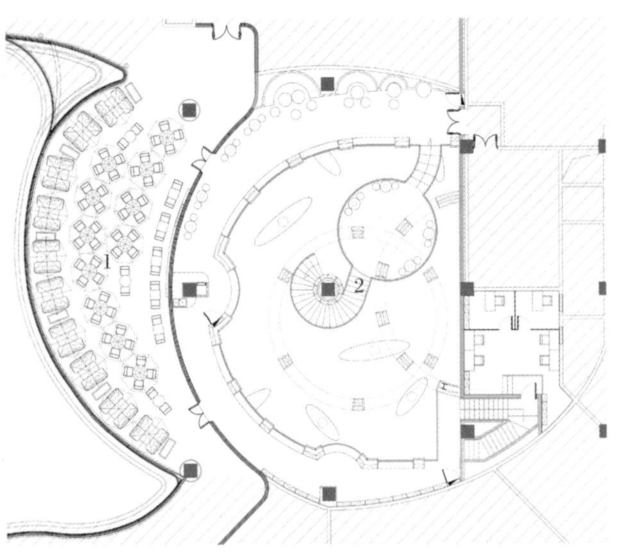

二层平面图
1 露台区
2 文学区

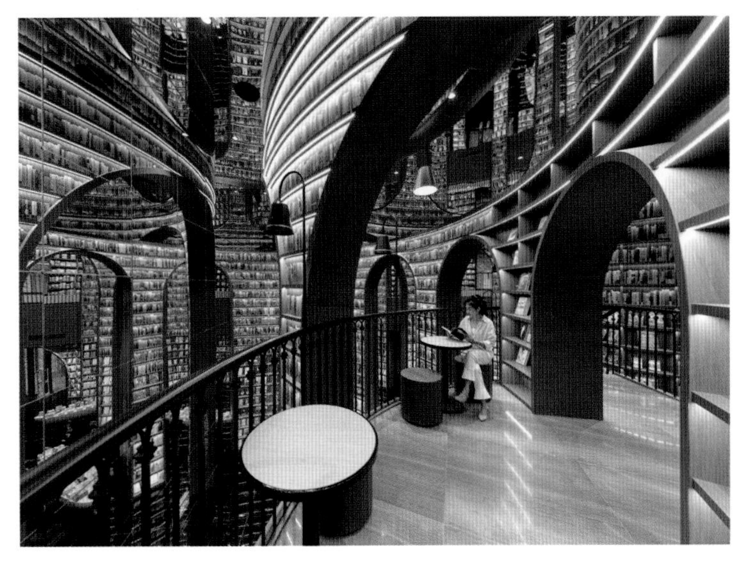

温州吾悦广场

一个关于归来的故事

设计单位： 宝麦蓝（上海）建筑设计咨询有限公司（Broadwaymalyan）
主创设计： 宋诺彬（Ben Somner）、张茜、陈佳芳、程香来
项目地点： 浙江，温州
项目面积： 248 690 平方米
完成时间： 2020 年
项目摄影： 梁文军
主要用材： 石材、铝板、木饰面、亚克力等

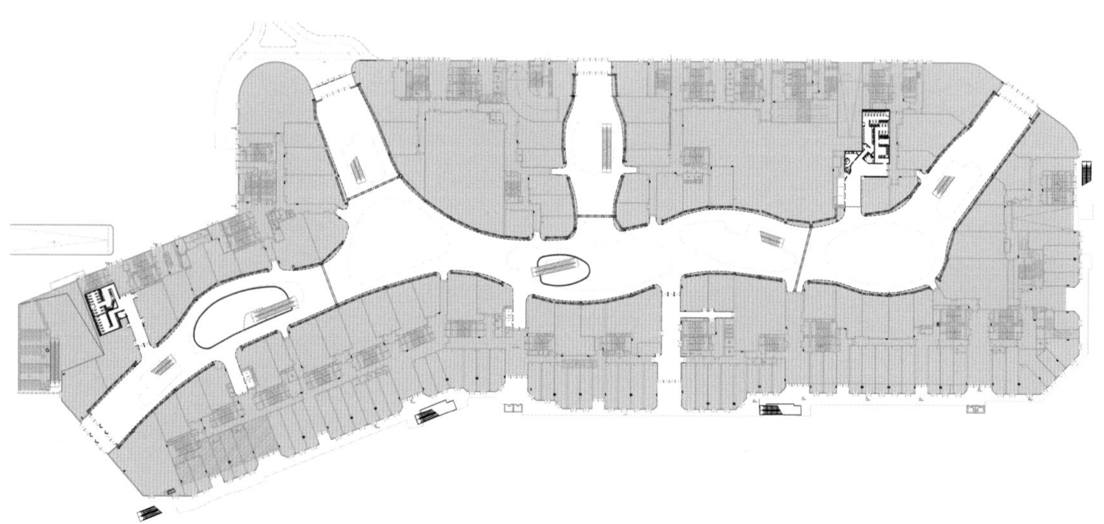

一层平面图

温州吾悦广场坐落于温州市龙湾区，包括户外商业街，地上六层、地下一层商业空间，建筑利用层层退台和超大屋顶花园打造了温州目前仅有的生态商业建筑。

在商业市场竞争日益激烈的今天，让温州吾悦广场脱颖而出，成了业主和设计团队的共同目标。设计师在进行现场考察时留意到商场主入口的位置有一棵百年榕树，因此决定将温州市树——榕树作为项目的灵魂，以此融入当地文化并通过榕树的生长状态提炼出“生根”“沐光”“成荫”“参天”几个设计元素作为亮点空间的设计语言，以现代、新颖的手法打造让人眼前一亮的商业空间。

▼拓展阅读

味千拉麵
MEL'AMRTA
BAKERY

设计概念演化

地下一层以“生根”为主题，集自然的脉络、艺术的痕迹在竹亭下溯源温州记忆，绘就现代瓯江印象。入口门斗、停车场等处则以“沐光”为主题，重新提炼茶花、光影与树形，塑造柔和而充满魅力的空间。五层开放商业区与冰场则以“成荫”为主题，提取大树生长的繁盛姿态，形成律动空间，在光线投射下，让人感到惬意、舒适。主中庭以“参天”为主题，提炼大树的线条元素，以现代设计手法展示空间蓬勃向上的生命力，次中庭提取树叶的脉络、树木的年轮，营造丰富的光影空间。

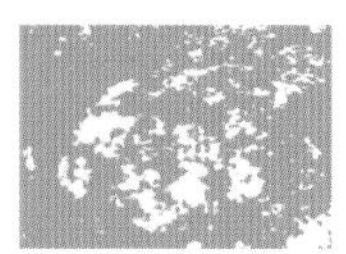
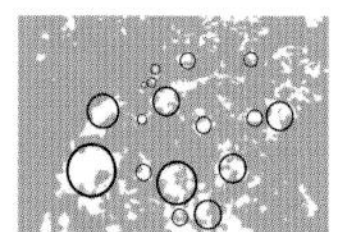
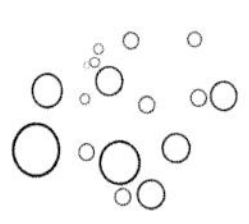

光

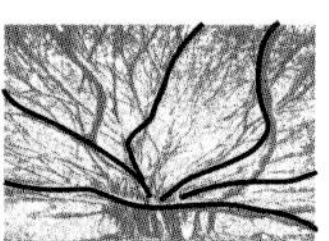

生长方向

演变

元素提炼

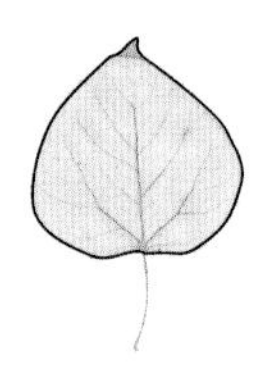
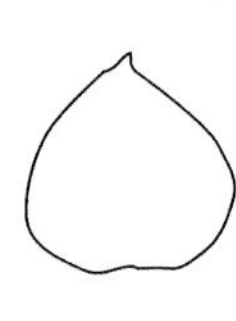
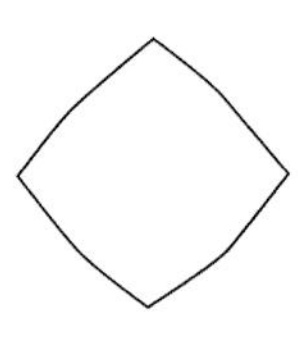

树叶

树干

演变

元素提炼

设计元素

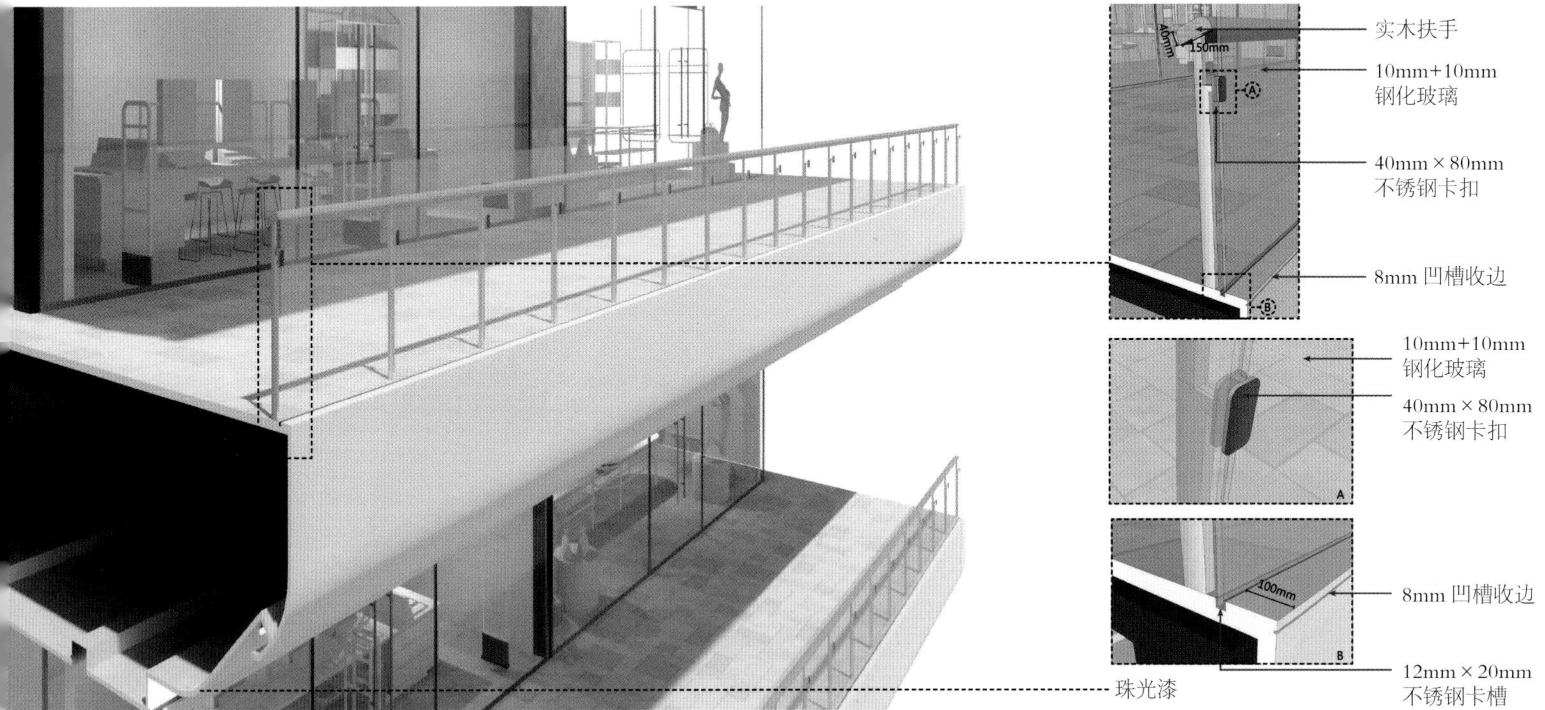

侧板剖面图

室内设计亮点

丰富的动线连通9个中庭，形成错落有致的空间关系。多点式休憩空间打破室内过长的流线。随着层数增加，主中庭的形状随之变化，作为动线的连廊在不同层级分别加强视觉的引导作用，并形成了室内的蜿蜒造型，与各个节点形成闭环，用有节奏感的空间给顾客带来轻松的购物及观赏体验。

在温州吾悦广场中，人们不仅仅能够体验到一站式购物的便捷，更能够体验到由各个亮点空间共同构成的感官刺激。设计师希望通过温州吾悦广场引领未来温州商业文化的走向，将真正的高端特色商业引入温州商业市场。

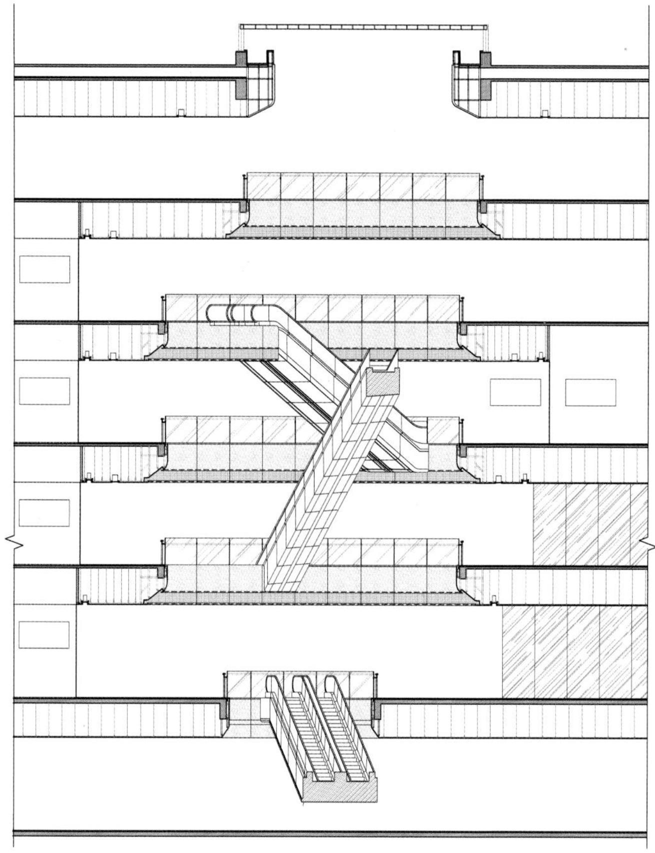

中庭立面图 2

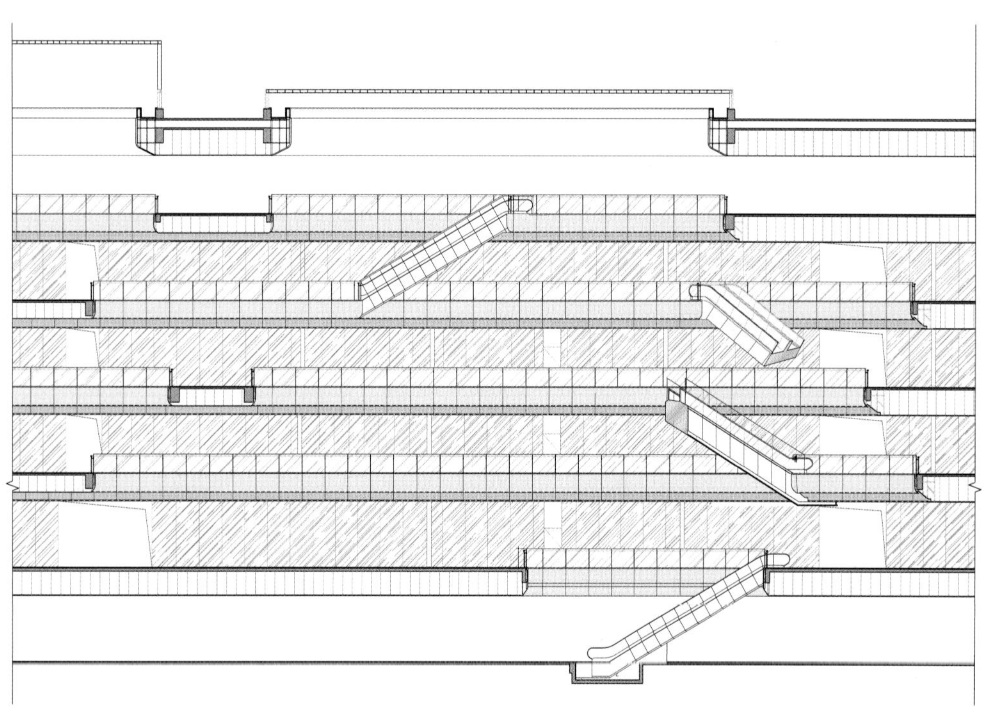

中庭立面图 1

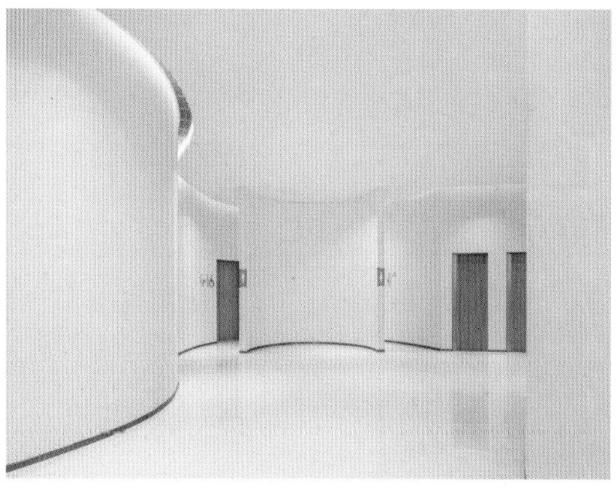

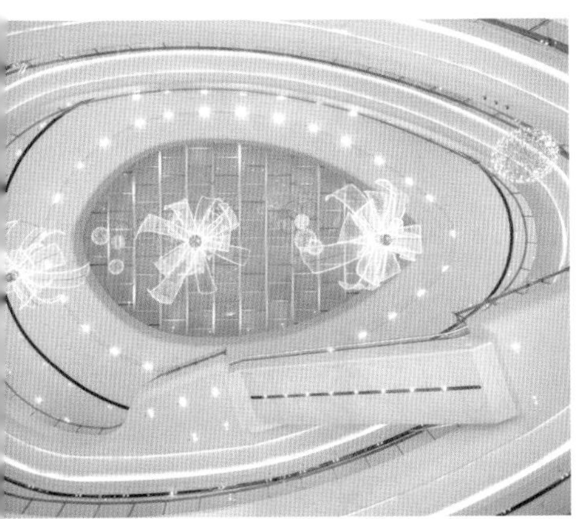

OPPO 广州超级旗舰店

兼具公共性与商业性的城市公园

设计单位： UNStudio
主创设计： 本·范·贝克尔（Ben van Berkel）、向展鹏（Hannes Pfau）、黄隽媛（Garett Hwang）
项目地点： 广东，广州
项目面积： 600 平方米
完成时间： 2020 年
项目摄影： 清筑影像（CreatAR Images）

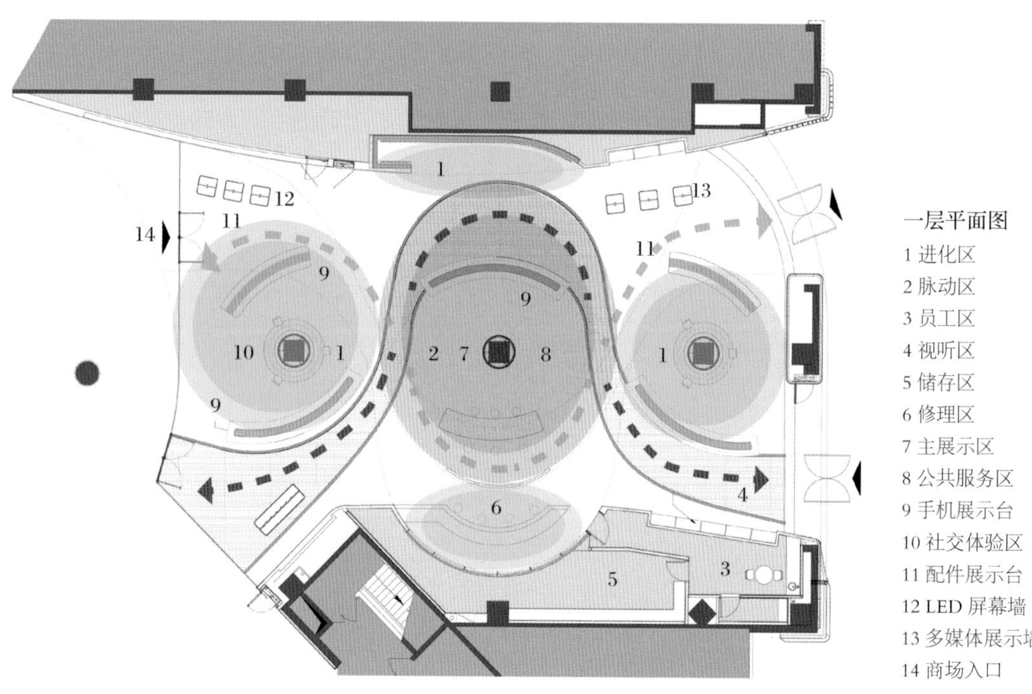

一层平面图
1 进化区
2 脉动区
3 员工区
4 视听区
5 储存区
6 修理区
7 主展示区
8 公共服务区
9 手机展示台
10 社交体验区
11 配件展示台
12 LED 屏幕墙
13 多媒体展示墙
14 商场入口

OPPO 广州超级旗舰店位于广州市天河区正佳广场，业主希望设计师可以为 OPPO 整体品牌创建出具有可识别性的重要场所，营造出让品牌用户渴望参与并持续关注的体验空间。

广州是一座具有前瞻性的现代化城市。因此，设计师希望引入“城市公园”的设计理念，营造一个“无边界”的互动环境，打造一个可以满足人们各种需求、可聚集、可社交的体验空间。

▼ 拓展阅读

旗舰店外立面设计——模块化管件

旗舰店面朝主干道，因此立面需要大胆、可辨识的视觉效果。设计师选择以切片的挤压管材部件为主模块，其灵感源自广州人过去生活中的重要生活元素——竹子。同时，该金属管件也是对 OPPO 中 “O” 的三维立体呈现。将二维 “O” 变换成三维的柱形管，借柱形管切口面，形成截圆柱，将其以不同长度和曲率重复排列，贯穿整个立面，诠释出 OPPO 先进的技术和品牌价值。

每一个幕墙管道内都嵌入了可编程 LED，每当夜幕降临，就会形成富有动态、充满活力的整体立面亮灯效果，使整个立面充满灯光韵律。

内部空间——流动、连续的几何空间感

以流动、不间断的设计打造出流畅、动态的空间体验是室内设计的核心理念之一。室内空间分为两个主要体验区域：脉动区和进化区。在脉动区，大屏幕是焦点聚集处，而与之形成对照的进化区，则是以社交和互动为主的体验空间。

蜿蜒而流畅的循环动线可以使访客慢慢地体验产品：沿线设有座位，为客户提供舒适的落座空间，客户可在此给手机充电、测试新产品或者进行社交。

oppo
oppo
oppo

RENO4
Reno4

选材特点——天然、对比、平衡

内部以天然木材为主，用柔和的色调增强流动的形态。波纹半透明玻璃屏和亚克力棱镜墙并排设置，让人不断感受到旗舰店内部空间微妙的层次变化，感受封闭与开放、重与轻、冷与暖之间的平衡。

嵌入“OPPO green”斑点的白色水磨石材料在店内营造出自然、流畅的品质感，天花板上嵌入的灯带路径的流动感与之上下呼应，自然地将店内上部空间布局与展示区区分开。地板上和天花板上的流畅动线会进一步引导访客随着不同的路径流连驻足在室内的不同空间。

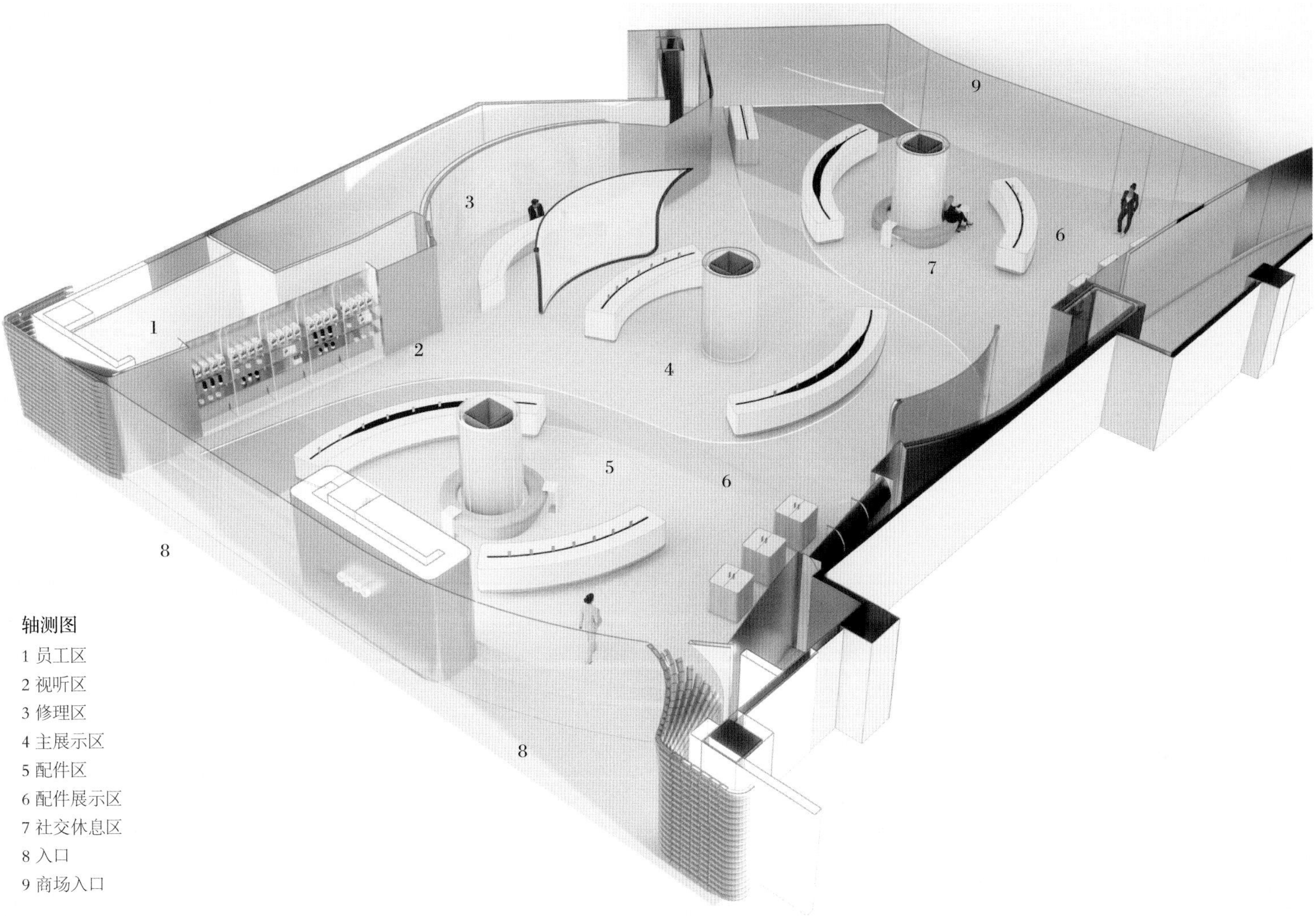

轴测图

1 员工区
2 视听区
3 修理区
4 主展示区
5 配件区
6 配件展示区
7 社交休息区
8 入口
9 商场入口

I Do × Loris Cecchini 艺术家店

雕塑艺术与建筑艺术的跨界美学呈现

设计单位： 非静止建筑设计（AntiStatics Architecture）
主创设计： 马丁·米勒（Martin Miller）、郑默
项目地点： 北京
项目面积： 550 平方米
完成时间： 2020 年
项目摄影： 史云峰、非静止建筑设计

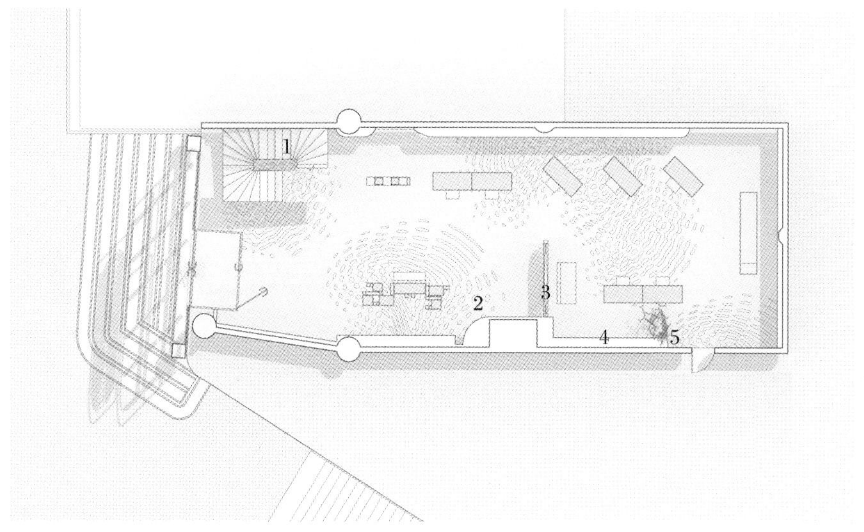

一层平面图
1 装置艺术楼梯
2 水泥印花地板
3 GRG 波纹艺术屏风
4 GRG 波纹艺术墙面
5 劳瑞斯·切克尼装置艺术

I Do 品牌北京蓝港旗舰店的设计融合了意大利著名艺术家劳瑞斯·切克尼（Loris Cecchini）的雕塑作品和创新设计工作室非静止建筑设计的建筑与空间设计。空间呈现了流动性、干扰性和连续性之间的协同作用。建筑与空间进一步借鉴了“你中有我，我中有你”的中国传统浪漫关系和相互依存的理念，设计师创造了一种力量感和统一感，同时也崇尚个性和多样性。三个主要的设计要素：画框、流动介质、在不同尺度上的相互作用，统一了空间，创造了一个兼具视觉与形态美学的旗舰店艺术空间。

▼拓展阅读

I Do
x Loris Cecchini
5
GATE

视觉与形态美学的概念呈现

贯穿整个项目的概念与视觉形态美学相辅相成，这些视觉符号与自然起源和有机运动有着密切的联系，并转化为具有雕塑感的元素。一系列的运动现象美学：液体的流动与声波的循环呈现在空间的墙体、天花板和地面上。镂空的结构与流动的水波纹不仅用来表达液体的性能，而且象征着 I Do 品牌“你中有我，我中有你”、相互依存又各自独立的爱情观。波浪与震动产生的不规则液体的造型在白色的空间表面上浮动着，同时在光环境的控制下折射着不同的光线。建筑的室内与室外都受到这一运动形式的影响，使整个空间成为液体，刺激着观看者的感官。

I Do

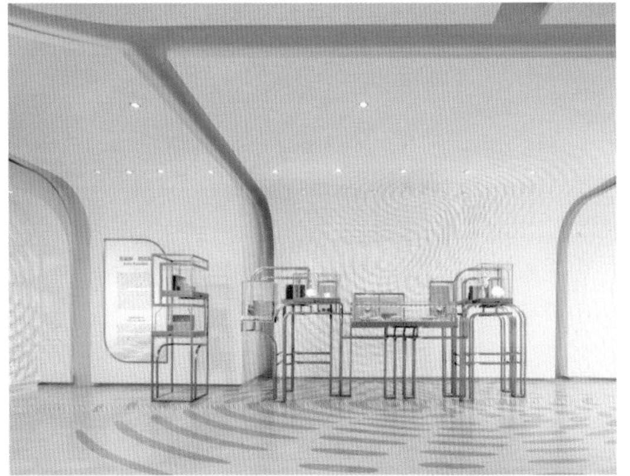

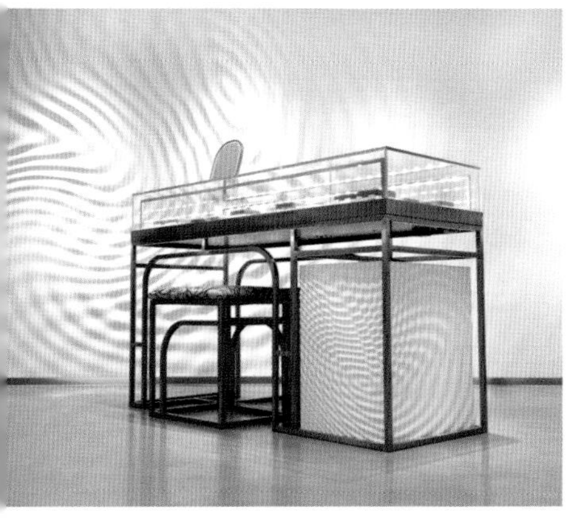

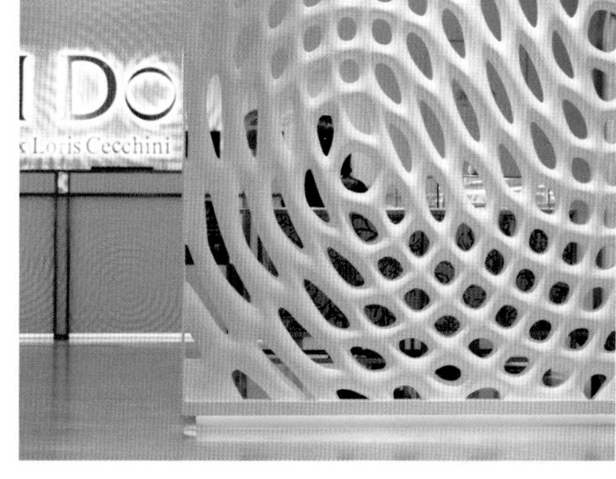

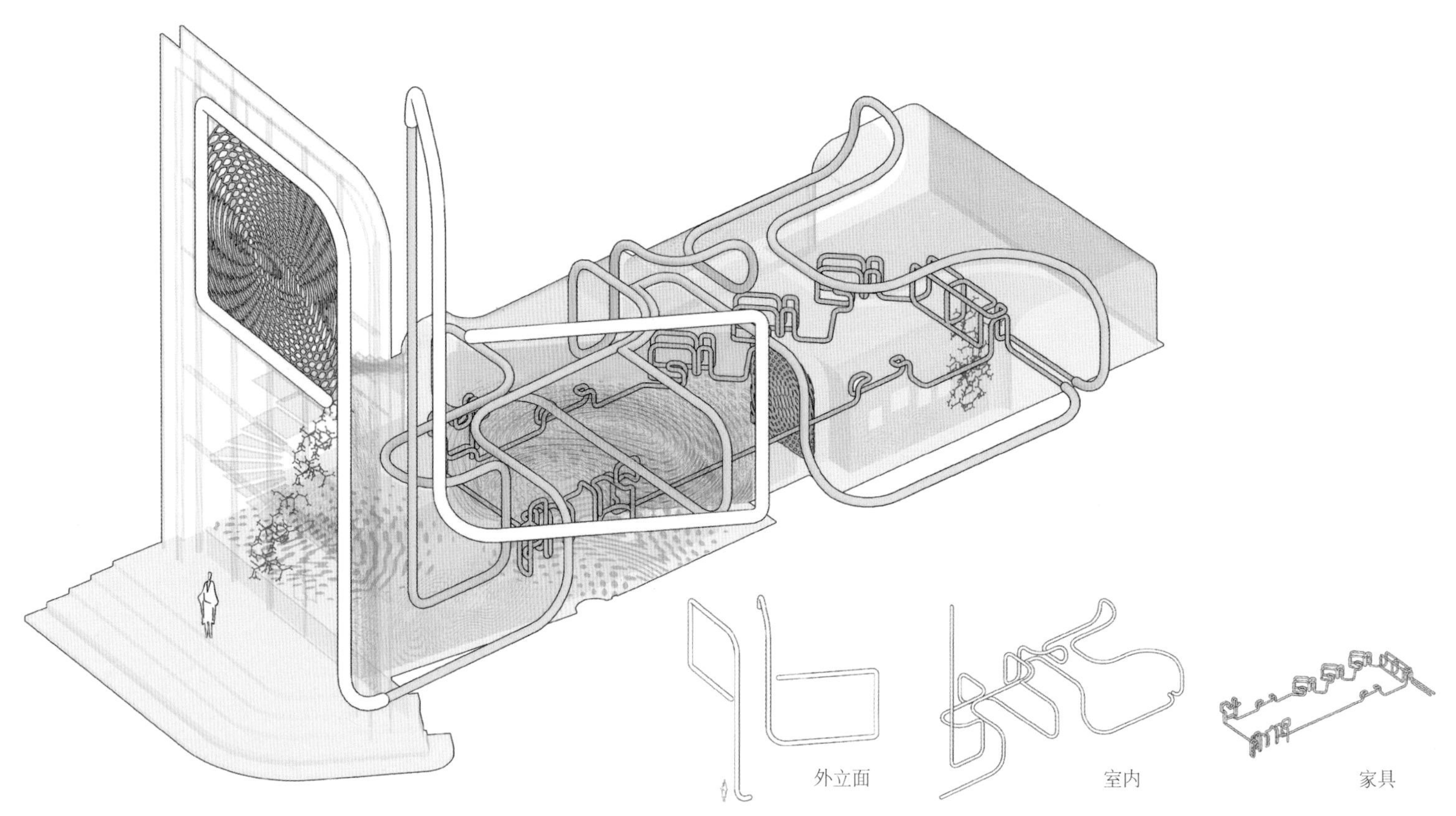

概念：艺术边框线条

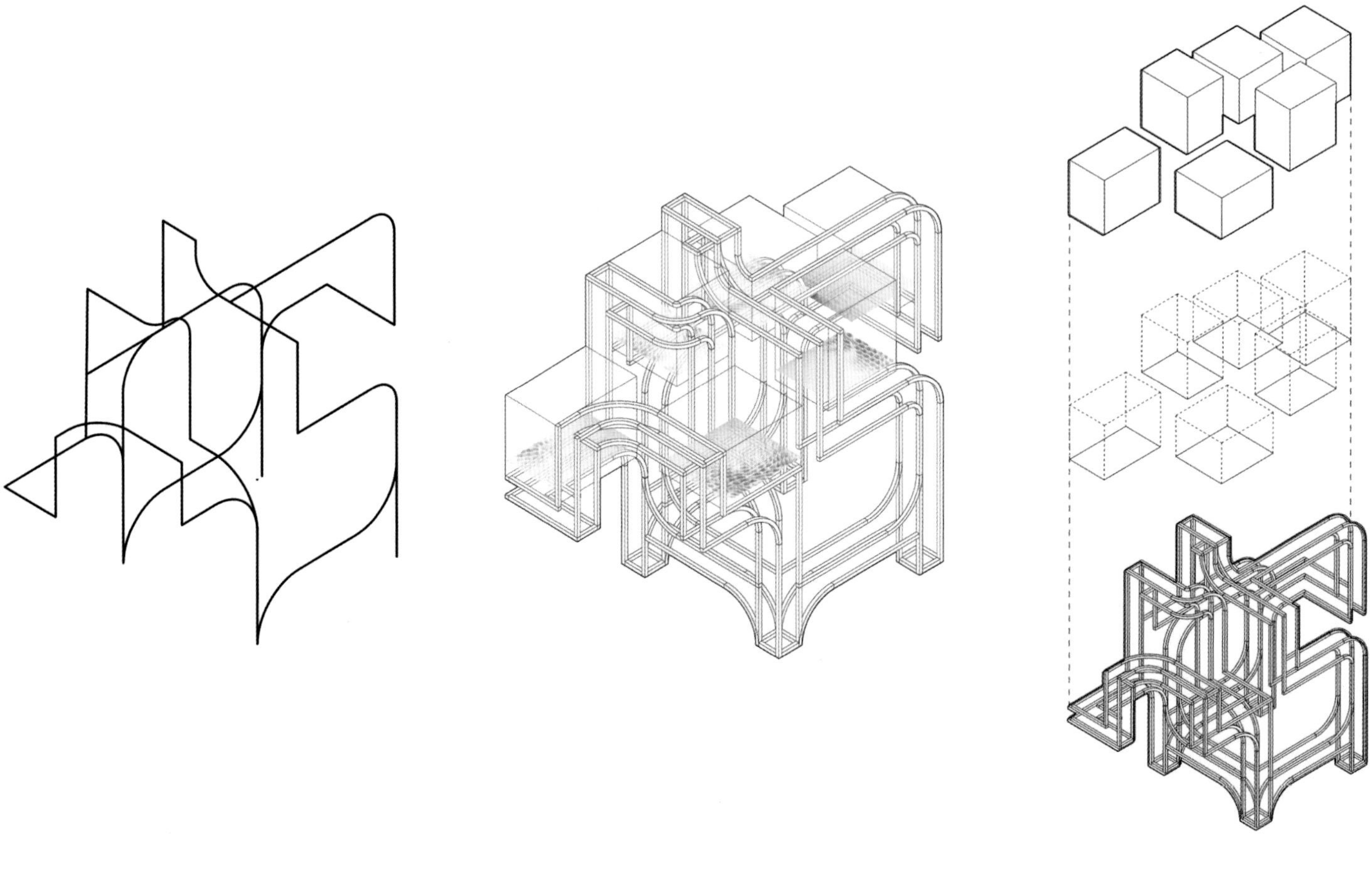

艺术家展柜设计

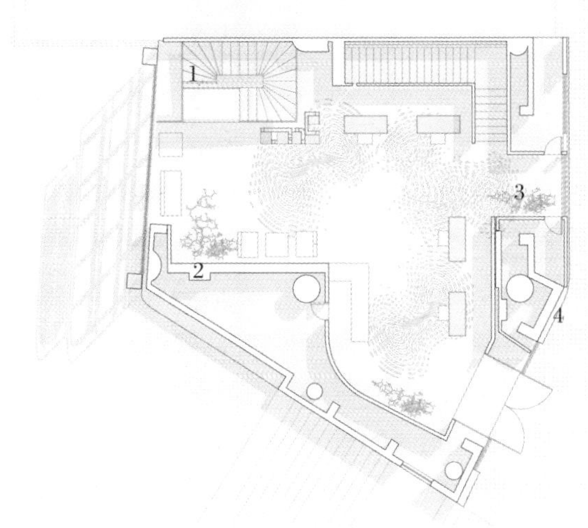

二层平面图

1 装置艺术楼梯

2 GRG 波纹艺术墙面

3 水泥印花地板

4 GRG 波纹艺术立面

勾勒内外空间关系的“画框”

店铺立面以一种简约的“画框”的方式，去体现艺术家劳瑞斯·切克尼标志性的水波纹装置效果。晶莹剔透的“画框”勾勒出立面的转折与层次，弯曲形成圆角，并折叠形成入口的台阶，再通过入口形成一个连续性的延展造型。“画框”的概念又进一步延伸到室内的悬空楼梯框架与艺术柜台，在遵守几何规则的同时创造出新的尺度关系。这种尺度上的变化隐喻了每个人的生命旅途中连续的路径和不同阶段独特及个性化的表现。通透的玻璃幕墙与镂空的艺术装置结合，在灯光的照射下产生了一系列水流动的效果。

Fourtry Space 潮流生活体验空间

古韵新呈，潮流重生

设计公司： SLT 设计咨询事务所
主创设计： 凌晨
设计团队： 俞洋洋、汪天使、何之怡、张良禹、史丹丹、蔡雅倩、李月莹、牛晨雨、崔越、朱钰萱、郑芷欣、郑莉莎、王宇飞、蒋雷、徐天辰
项目地点： 四川，成都
项目面积： 646 平方米
完成时间： 2021 年
项目摄影： 吴鉴泉

一层平面图
1 控制室
2 零售区（D 区）
3 艺术衍生品零售区（E 区）
4 零售区（C 区）
5 入口（A 区）
6 咖啡吧休息区（B 区）
7 后场 / 仓库

这是潮流经营体验节目《潮流合伙人》第二季的拍摄地，也是一间独立买手店。节目组要求项目须同时具备潮流零售、艺术品布展、咖啡休闲和导播工作四个主要的功能。空间要有相当的灵活性，不仅要满足拍摄过程中艺术布展的要求，而且应具备与国际顶级艺术家跨界合作的空间兼容。同时，室内外空间需要满足节目直播拍摄与实际经营的无缝转换与衔接。整个设计的概念为“Flow（流动）”，两个轻盈的白色空间体块代表潮流和生活，在成都交汇，是对作为潮流重生、生活复苏的最好回应。

▼ 拓展阅读

FOUR TRY'

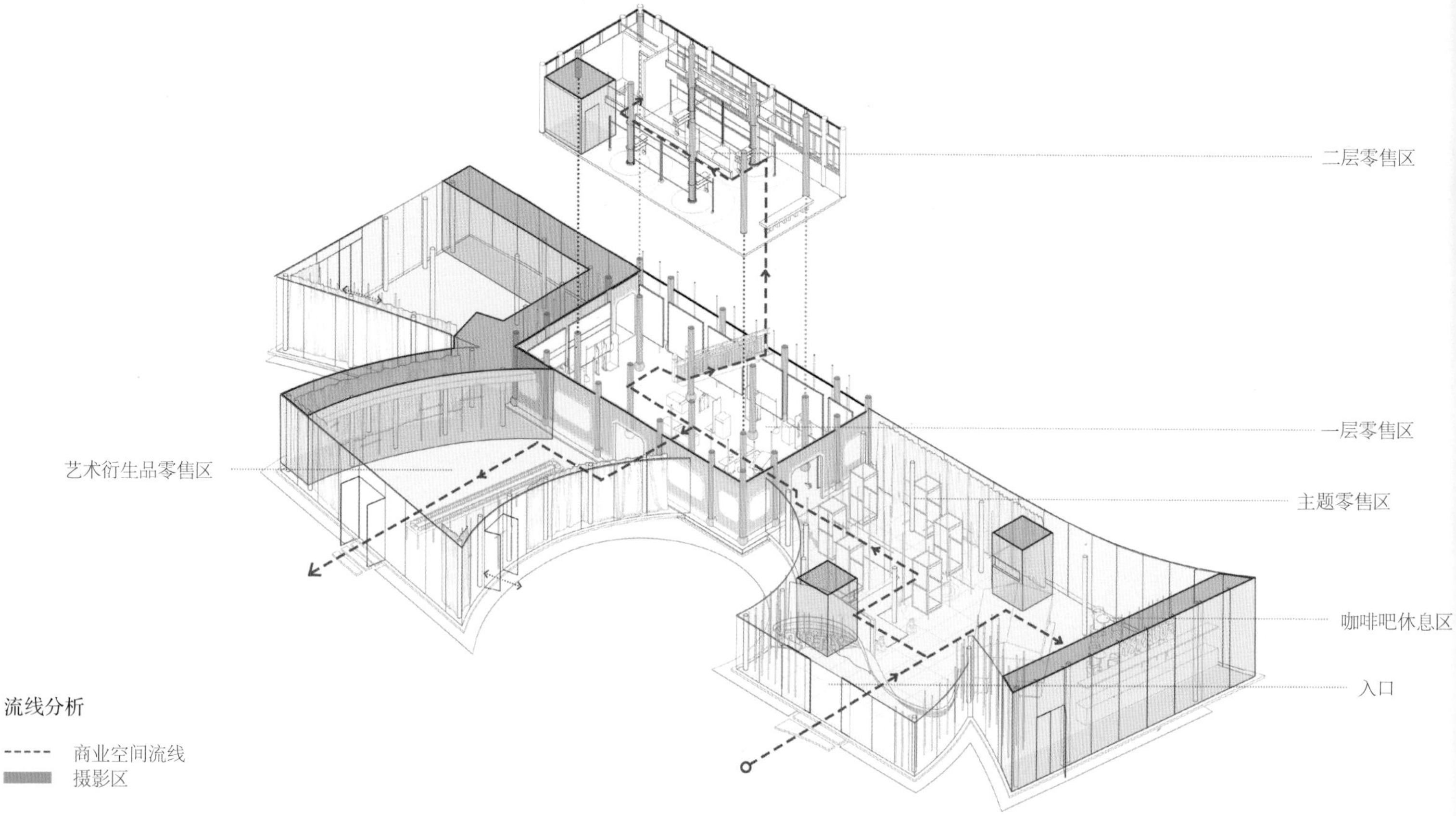

二层零售区

一层零售区

艺术衍生品零售区

主题零售区

咖啡吧休息区

入口

流线分析

----- 商业空间流线
摄影区

以现代潮流诠释场地文脉

白色屋顶的上扬态势是对传统建筑飞檐的现代诠释，保证了场所精神的连贯性。由3D打印的巨大装置“Flow”飘带围合出建筑的主入口空间，引导大家进入空间。

顾客首先到达的是咖啡区，双面中岛区摆放着专门定制的咖啡桌椅。为了最大限度尊重原有场地的文脉与记忆，设计师用镜面金属材质还原了曲径通幽的原有石桥景观，古韵新呈，赋予原有地域文化新的视觉表现，并且保留了起始位置的两尊吸水兽。

FOURTRY
FOURTRY

FOURTRY

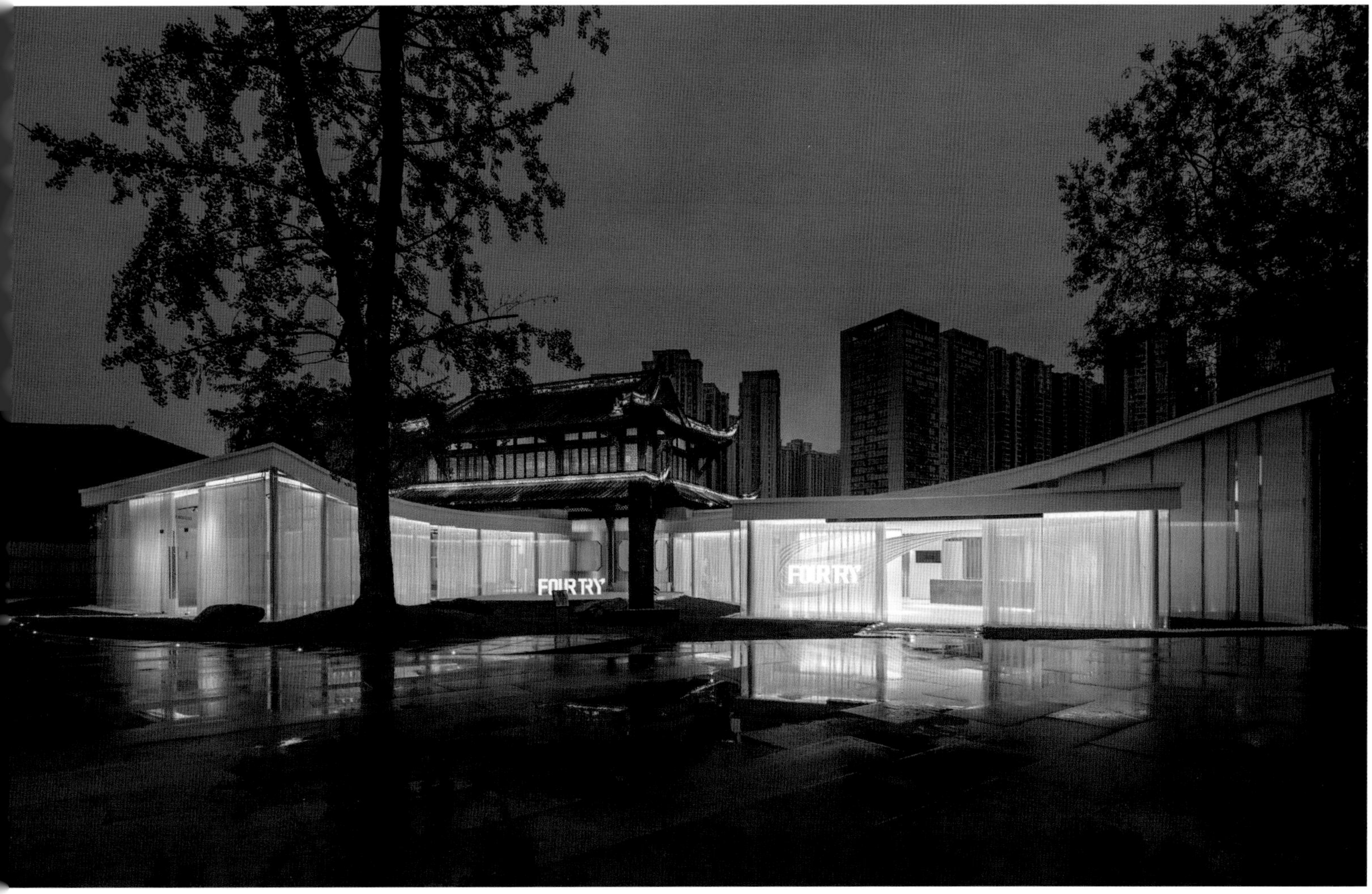

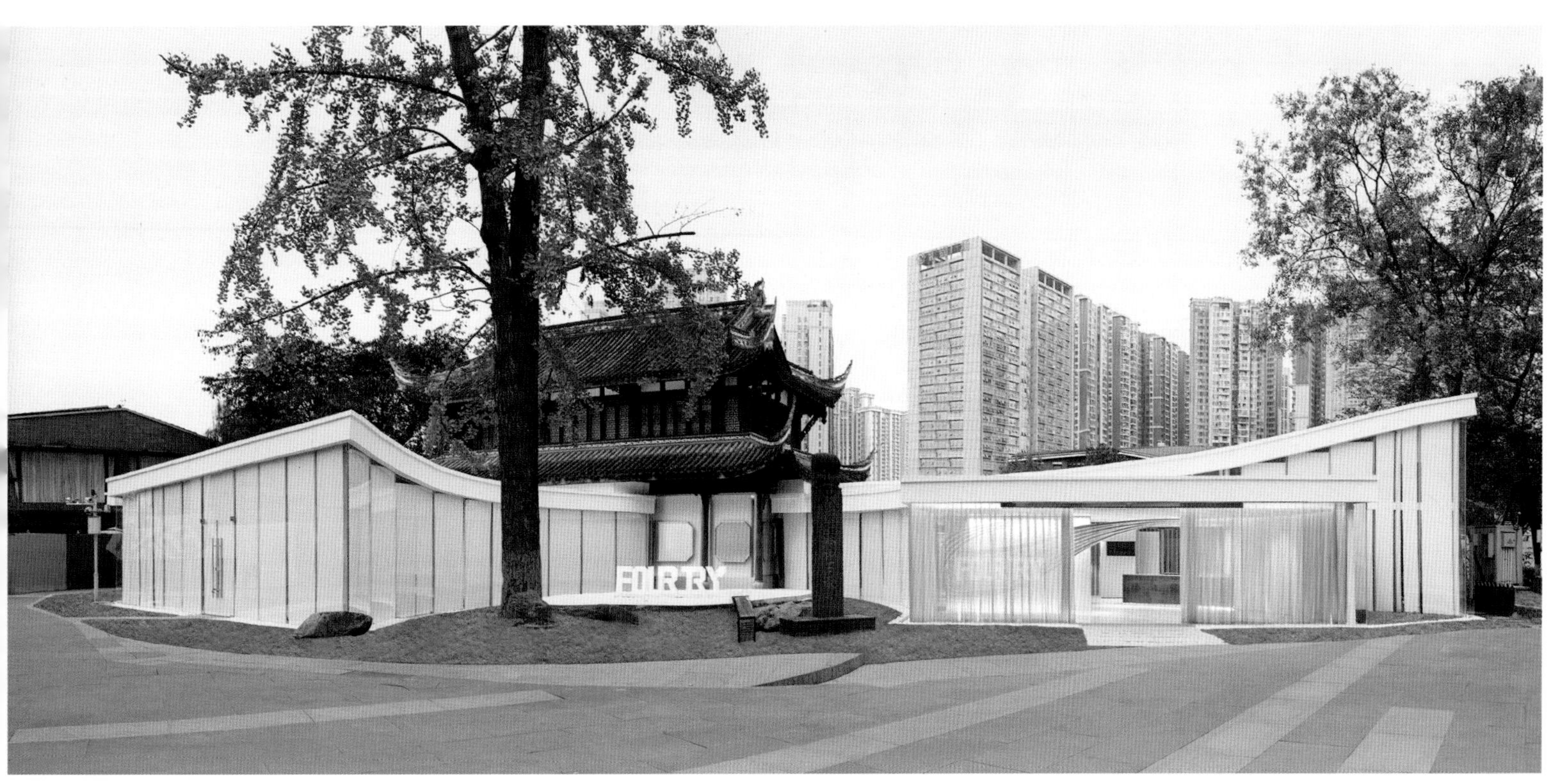

二层平面图

1 试衣间
2 摄像区域
3 零售区

轴测图

1 入口
2 咖啡区
3 主题零售区
4 零售区
5 艺术衍生品零售区

充满艺术氛围的零售空间

第一个零售空间以现代蜀韵的“金属竹林”为主题。金属立杆被巧妙地延伸，并与扣件、横杆灵活地组成一套完整的零售道具系统。隐藏的雾气系统可以很好地放大光影的变幻，营造潮流感与神秘感。

在金属竹林区进一步叠加场景模块与道具，最大限度地匹配主题艺术陈列与商品展示。其中，数字传输舱就是配合主题展陈的艺术多媒体装置，用充满未来感的数字屏幕作为背板，以不断变化的多媒体艺术内容营造独特的场景体验。

内部零售空间摒弃繁复的色彩与多余的装饰，保持节制与谦逊的姿态，在木结构空间中加入功能性陈列道具，用大面积的纯白基调与红棕木色相互衬托，诠释东方文化中的“布白之奇、笔墨之简”。

潮流百变的秀场氛围

在二楼，原有木构建筑的空间对称性得到最大保留。线性灯光增加了空间东西向的纵深感和动态。新加的场景道具与展陈系统围绕木柱，通过高、中、低三个高度层次的杆件来重组空间，配合两侧悬挂的细长屏幕营造出潮流百变的秀场氛围。在这里顾客可以穿搭试衣，丰富的视觉体验给原本严肃的建筑空间带来了潮流活力。当顾客结束试衣体验回到一楼时，会经过一个艺术快闪空间。定制的独立金属传送装置，为静止的空间带来流动的视觉体验。

好利来 1992 概念店

传统即再造

设计公司： Some Thoughts 空间设计工作室
主持设计： 李京泽
设计团队： 刘盛雨、谢朕
项目地点： 四川，成都
项目面积： 240 平方米
完成时间： 2021 年
项目摄影： 邵峰 / 榫卯建筑摄影
主要用材： 玻璃砖、水晶砖、不锈钢、涂料

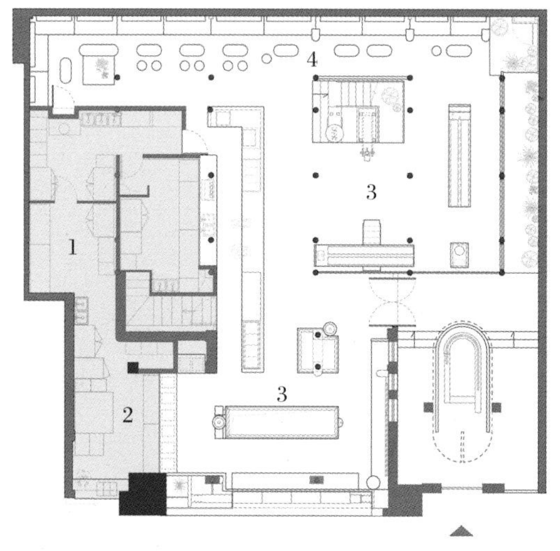

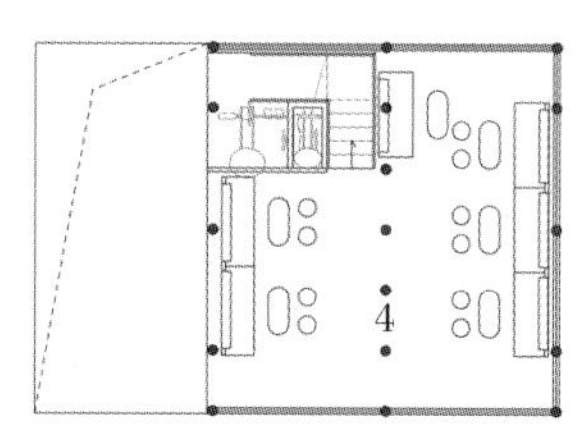

平面图
1 烘焙区
2 裱花区
3 产品展示区
4 座位区

千百年来，宽窄巷子一直是成都这座古老城市文脉延续的缩影。在建筑上，这里不仅是老成都“千年少城”的最后遗存，同时也是北方胡同文化在南方的唯一样本。从清朝的宅院到现代化的历史文化商区，宽窄巷子始终是一个包容当代并抒写未来的载体。

好利来 1992 入驻宽窄巷子，设计师期盼以当代的表达方式向传统致敬，并回顾品牌几十年来的发展历程。设计师认为回顾传统需要避开某种风格的驱动，同时应探索一种超越时代背景的形式与材料之间的关系。

▼拓展阅读

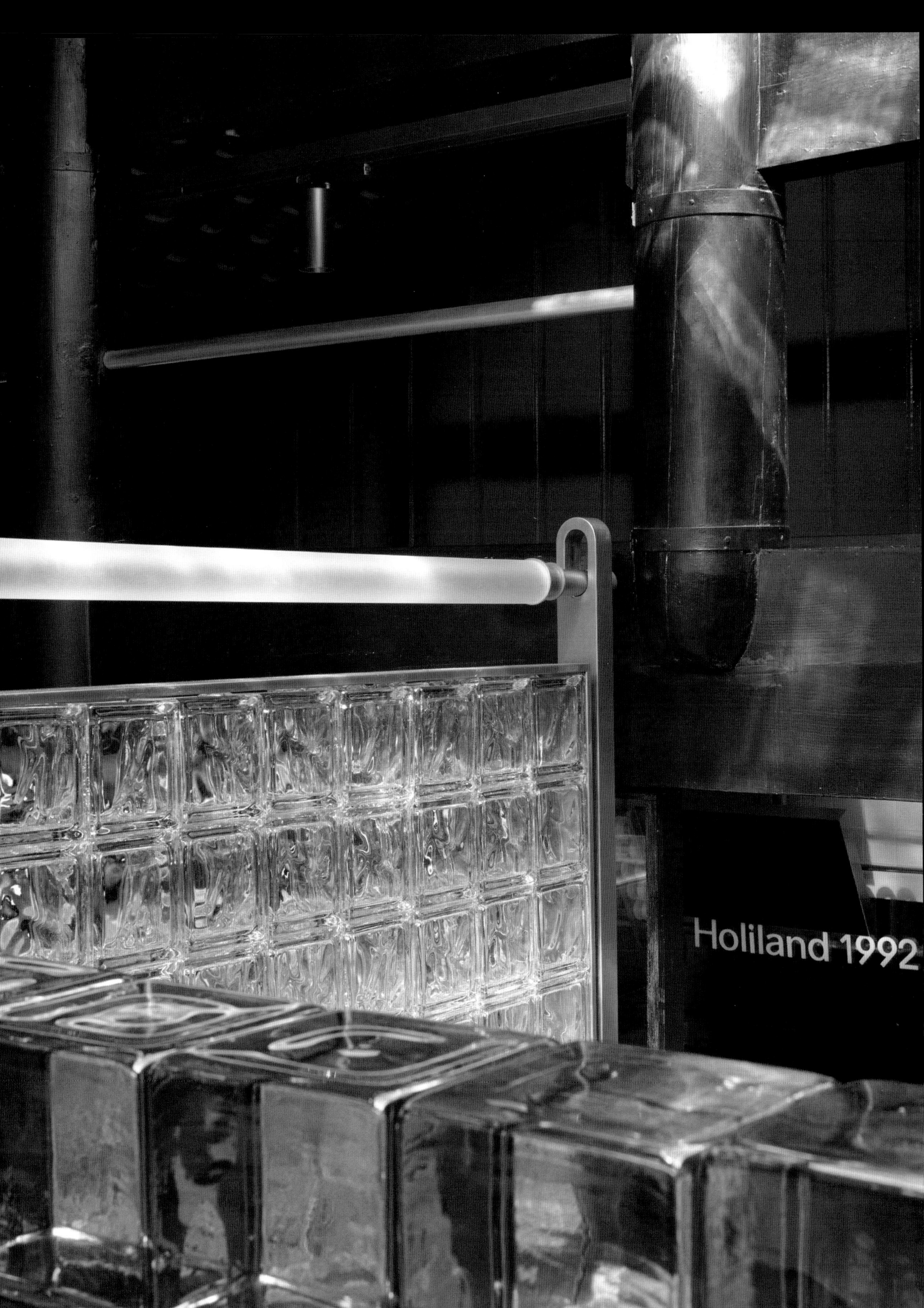
Holiland 1992

商品与材料的关系重置

通过挖掘商品与材料之间的关系，设计师发现作为商品的糕点与空间中使用的玻璃砖、玻璃瓦在用途和规格上有着明显的差异，但追溯其制造过程，都是液体经过高温、冷却形成的一个既易碎又有形的固体。在传统迭代至今的共性面前，设计师期待用它们去赋予空间某种新的秩序并被到访者重新理解和接近。因此，设计师以玻璃瓦作为滤光器，使空间中的光线产生折射、漫反射，在时间的推移中让到访者体验到多变的重叠感。

视觉符号的重组

设计师尝试将视觉符号附着在古建筑上进行重组，通过装置与建筑的相关性在空间中拉开视觉的张力，并模糊直白的视觉符号。空间可以使大众对传统与当代进行全面探索，并代表某种情感语境，向到访者输出一个可感知的空间。

成都
CHENGDU

成
都
Holland

LAND SINCE1992 CHENGDU
CHENGDU
SINCE1992

CHENGDU
好安逸
好巴适

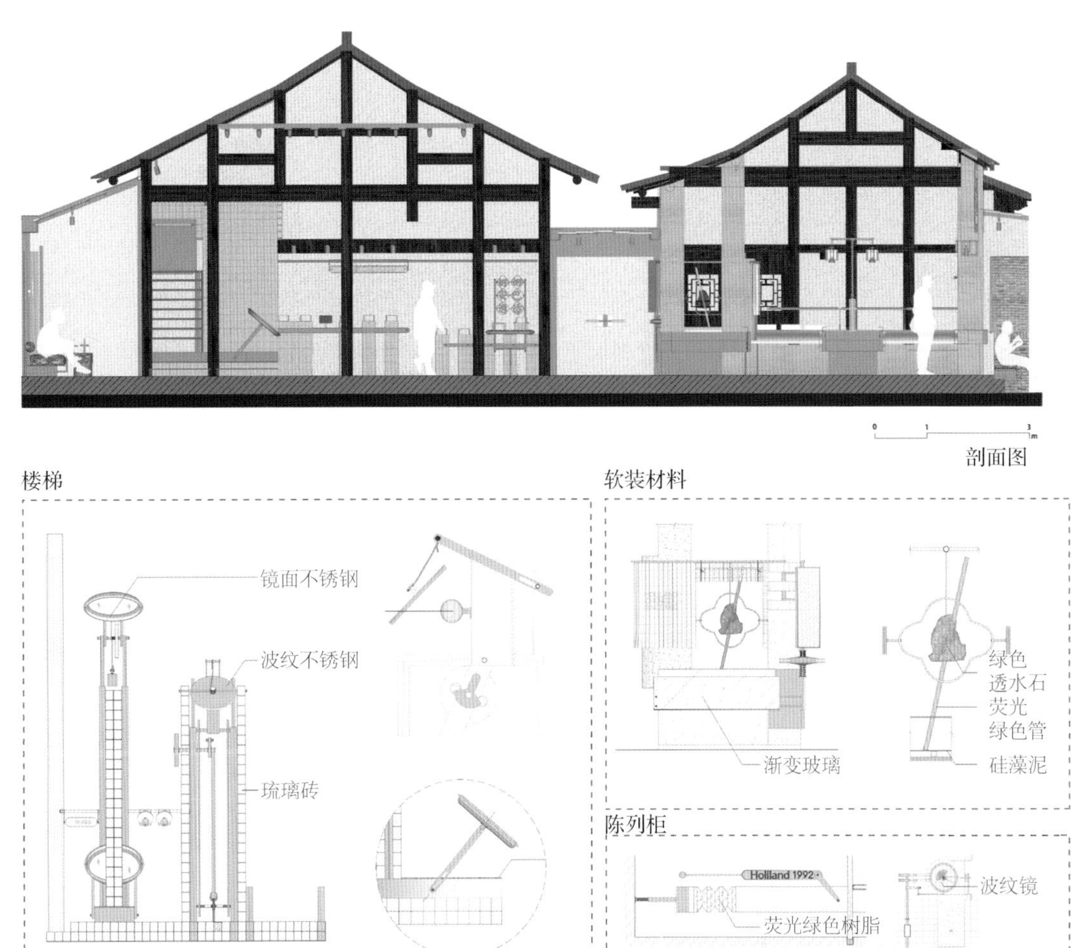
剖面图
楼梯
镜面不锈钢
波纹不锈钢
琉璃砖
软装材料
绿色
透水石
荧光
绿色管
渐变玻璃
硅藻泥
陈列柜
荧光绿色树脂
波纹镜

Progen 理型公园

构建全新穿搭体验

设计单位： 大犬建筑设计
主持设计： 胡志红、辛晋
设计团队： 郭林昂、顾丽玲、沈修文
项目地点： 浙江，宁波
项目面积： 220 平方米
完成时间： 2021 年
项目摄影： 孟庆伟、谢亦伦

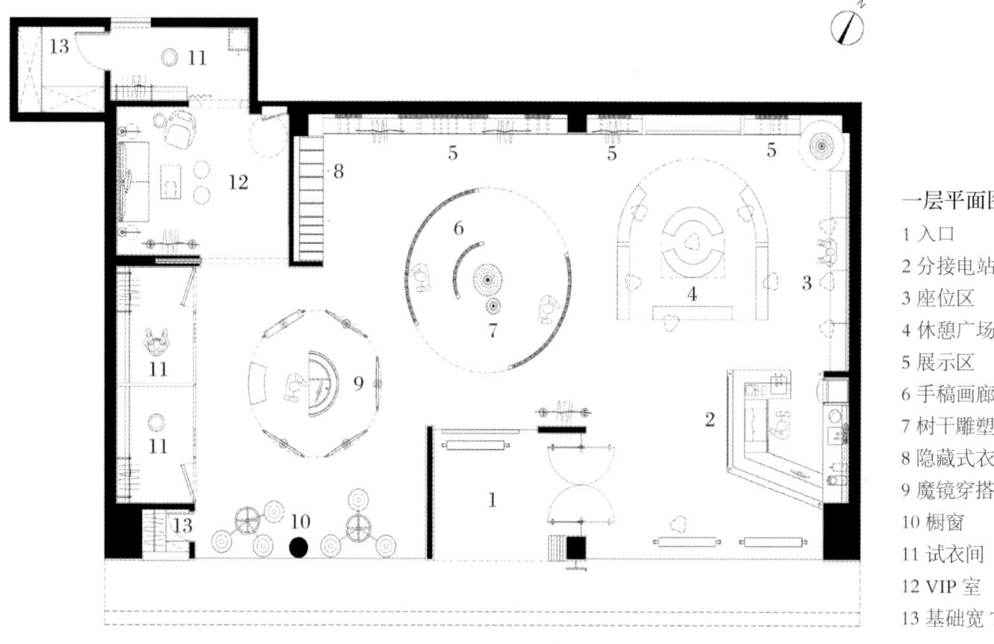

一层平面图
1 入口
2 分接电站
3 座位区
4 休憩广场
5 展示区
6 手稿画廊
7 树干雕塑
8 隐藏式衣柜
9 魔镜穿搭区
10 橱窗
11 试衣间
12 VIP 室
13 基础宽 T 恤储藏柜

不同于其他买手店，Progen 理型公园是一个集线上线下穿搭体验为一体的空间，它希望通过专业理型师的服务，为消费者提供专属又个性化的穿搭规划。设计师以“Hunting in Fitting Park（试衣公园寻猎行动）”为空间构思的起点，旨在实现对品牌营业属性的契合表达与对空间趣味性体验的转化。

设计师试图建立具有公共性的空间语境，重视空间与城市、居民、街区的共通融合，联动内与外，把自然与户外的日常元素融入店铺设计。在外立面的更新设计中，设计师没有采用传统的广告屏方式，而是用抽象且具有数字感的灯光图形来表现想要传达的内容，并通过程序控制图形不断变化，使其成为街区中具有记忆点的外立面。

▼ 拓展阅读

PROGEN 理型公园
PROGENIUS

HUNTING MAP
HUNTING IN
FITTING PARK
PROGEN PROGEN

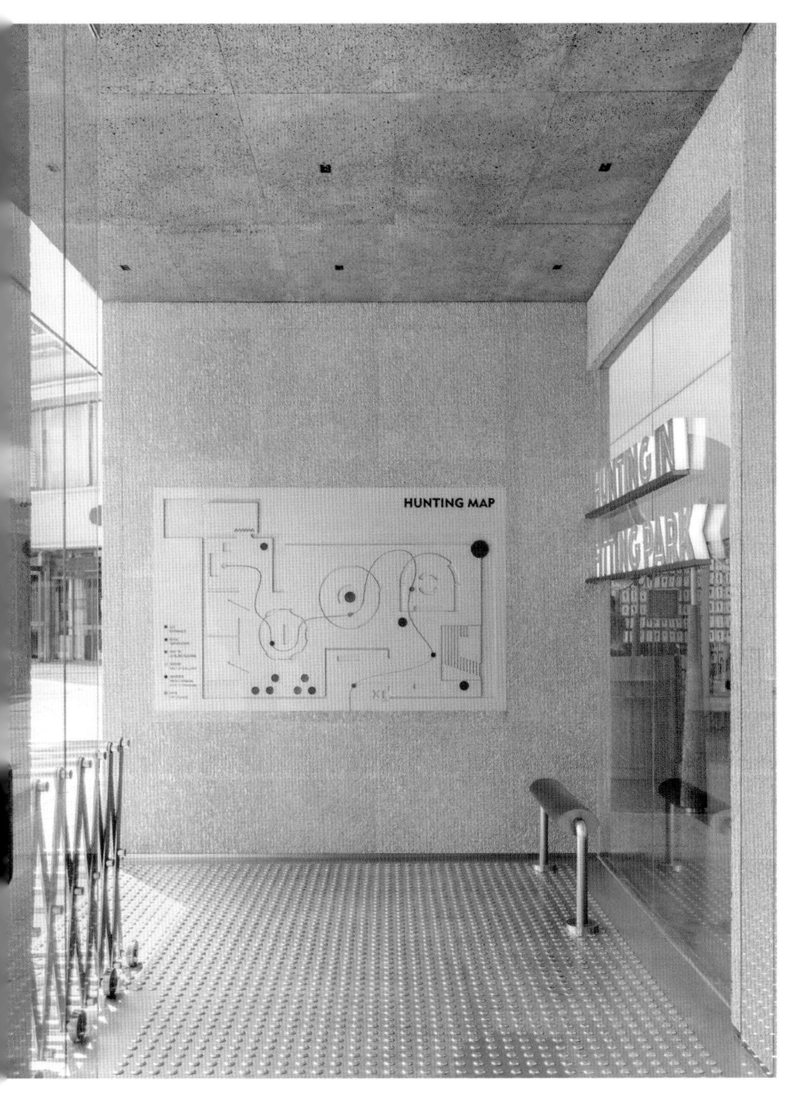

寻猎地图

穿搭之旅由一张地图展开，依照地图上标注的路线，内部空间包括入口、凉亭、取水站、休憩广场、手稿画廊、魔镜穿搭区、展示区、VIP 室等。在入口的设计上，设计师借用了内退的空间创造了一个半户外的休憩区域，供路人在此处歇脚、聊天、避雨……它的多重功能回应了城市居民的需求，拉近了商业空间和居民的距离。

休憩广场

在休憩广场里，盲道钉、洞石、绿色绒布的运用，带来了户外自然的气息。半围合的石凳摆放方式，为不同群体或个人带来了社交机会，更多的专业内容如沙龙、设计品牌分享会也将在此处发生。

手稿画廊

可旋转的手稿画廊展示了 1000 多位服装设计师的手稿，它们以阵列的形式排列，设计师在动线中创造了更为丰富的路径，也尽可能地在有限的空间里创造更长的阅读路径。

设计师通过对大小不一的老树干的重新组合，形成了具有新的比例关系的树干。不锈钢片的穿插带来冰冷材质与自然木材的冲突性，同时也“缝合”了树干被切割后的伤痕。老树与空间形成新的对话，如同雕塑与自然的低语。

魔力盲盒

套装服饰被隐藏在墙面上按压式的隐形高柜中，由此制造了开魔力盲盒的惊喜感，也让消费者多了几分在空间里寻觅的趣味。丛林中的小树枝，带来了衣架设计的灵感。洞石穿孔的模块组件，满足了陈列可变化性的需求。自动旋转的扭腰器也被运用在空间里作为陈列道具。

魔镜穿搭区

这里是理型专家服务的区域，设计师延续日常的、公共性的设计语言，借用街道出现的凸面镜，创造出五个看似放大镜的奇幻领地。消费者将在此接受服饰搭配、测肤、量体、试穿等一系列的专业服务。

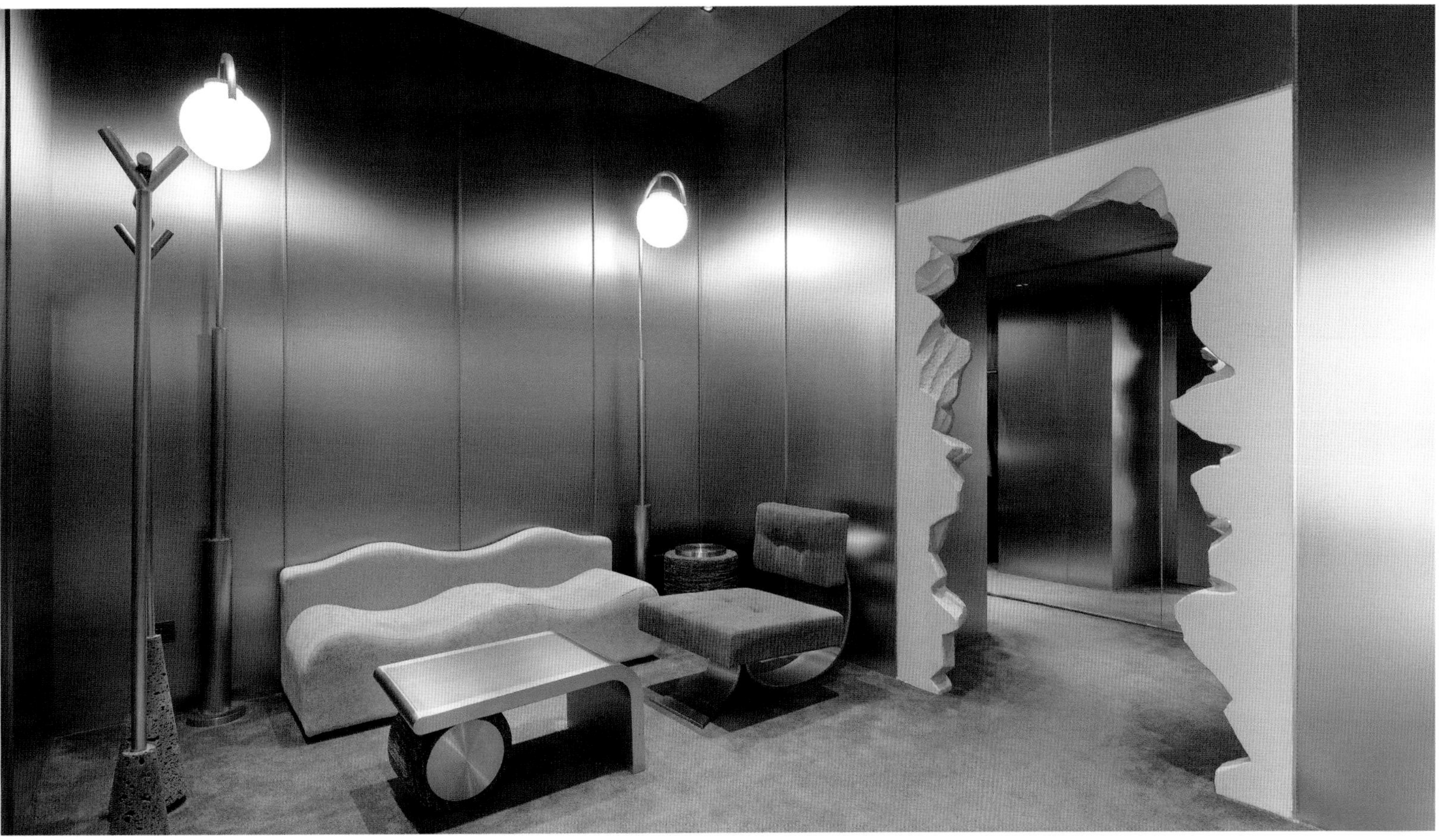

EvenBuyer 买手店

以极简设计美学引发跨时空的有趣对话

设计单位：蒋杰设计工作室
主创设计：蒋杰、潘楚楚
项目地点：浙江，杭州
项目面积：320 平方米
完成时间：2020 年
项目摄影：汪敏杰
主要用材：金属氟钛漆、镜面雾化不锈钢、水泥基自流平

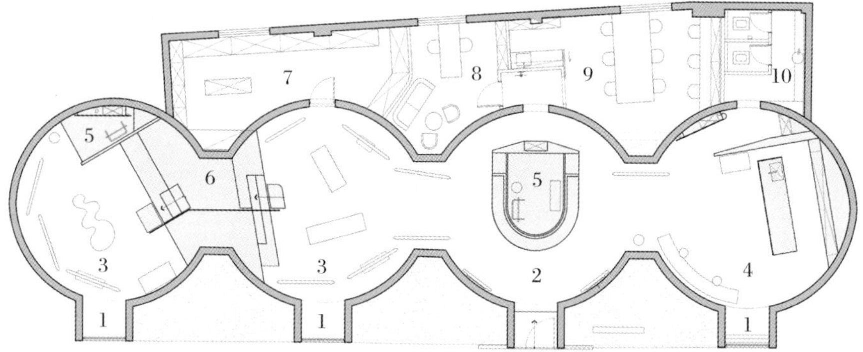

平面图
1 橱窗
2 包展示区
3 服装 / 鞋展示区
4 服务台 / 水吧台
5 试衣间 / 直播间
6 大展台
7 储藏间
8 主理人办公室
9 办公室
10 卫生间

此次项目的选址是杭州西湖区原双流水泥厂的熟料存放区域，四个巨大的圆筒结构一字排开构成建筑主体，内部互通相连。买手品牌 EvenBuyer 的全新店面借建筑与设计的语言，讲述自身的风格标签与时尚态度。最大限度地保留自然印记，融入当代极简的设计美学，引发跨时空的有趣对话，这是设计的切入点。

由于特殊的建筑属性，店内空间较大且呈长条形，而买手店的产品品类与数量繁多，设计师着力营造连贯而有韵律的空间氛围。在四个圆筒形空间中置入三个盒子，空间被分为三大部分。设计师利用外立面原有的门洞，将其一作为商店主入口，而另外三个设计成落地橱窗。门洞与建筑高层的四个小窗口相呼应，共同形成有趣的节奏感。

▼拓展阅读

橱窗及外立面

落地窗充分引入自然光，同时也用作橱窗，展示店铺当季推荐的商品，窗贴的平面画面与产品相映成趣。统一的不锈钢波纹板飘檐与建筑原始水泥质感形成反差，为到达的访客带来视觉冲击，引人进店。

入口圆弧陈列桶

基于原建筑结构，办公区域与店面入口平行相对。设计师在入口处置入飘浮的圆弧形层板，内部是兼具试衣间与直播室功能的体块，采用顶面发光膜及一块完整的镜面反射内部桶状空间，增强纵深感。同时，整个体块将办公区入口藏匿其后。

除了隔挡作用，陈列桶还将进店后的动线一分为二。弧形路径为空间带来更多生趣，并为品牌方创造了多角度展示核心产品的场景。

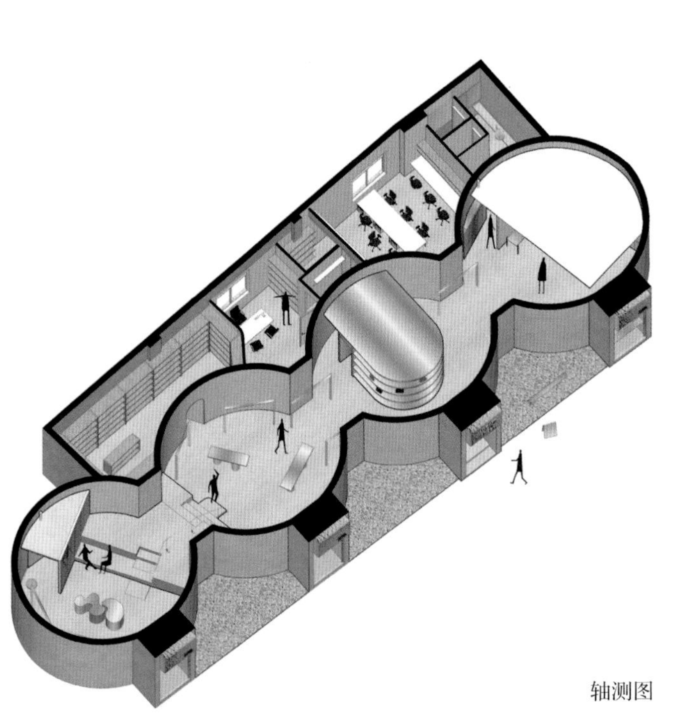

轴测图

楼梯展台

进店后向右是吧台区。设计师运用最简单的不锈钢方形体块将空间一分为二，隔出通往卫生间的通道。向左是服装、鞋类陈列区，在这里产品成为主角。落地式衣架配合展台采用更为随意、松散的方式放置。而在左侧两个圆筒之间，一个巨大的跨越式楼梯展台完成了对空间的分割，同时又为空间建立了新的联系。

楼梯平台的高差阻隔了顾客的部分视线，激发了他们更多的好奇心与探索欲，为距离入口最远的区域引流。高低错落的空间布置也带来了丰富的视觉感受，在长距离的动线上保证了空间的层次感与趣味性。展台区有大面积的镜子，在遮挡消防栓的同时，满足试衣需求并延续空间。当人们走上展台时，又将解锁观察空间的全新视角。

林中空地复合书店

用线绳重塑水墨山城

设计单位： HAS 事务所（HAS design and research）
主创设计： 洪人杰、宋宝庭（Kulthida Songkittipakdee）
照明设计： 刘采菱（Jenna Tsailin Liu）、郑秋伟
项目地点： 重庆
项目面积： 1360 平方米
完成时间： 2021 年
项目摄影： 白羽

总平面图

林中空地是一个文化品牌，更是一处提供新生活模式的复合书店，包含书店、咖啡厅、下午茶吧、餐厅、酒吧、文创商业区。该品牌由重庆著名的刀锋书酒馆与日时夜影两个团队创建，旨在为重庆打造一处静谧的休憩之所。书店坐落于重庆市中心。特有的地形变化与丰富的尺度感，赋予重庆“山城”的称号。而如今，山城的美景却被大量的超高层建筑所遮挡，仅在远离市区的乡村中，才能看到唯美的山城遗迹与独特的吊脚楼。

▼ 拓展阅读

设计灵感

林中空地不仅仅是复合书店，更意在高密度的城市中撕开冰冷的混凝土，植入一处心灵之所。设计延续此理念，将原本分裂的一层与二层以吊脚楼的空间形式串联；其下层有类似于吊脚楼下层的灰空间，透过孔洞提供阅读、交流、休憩、分享等功能，并结合起伏的楼梯创造微型山城，从而实现具备动态感与探索性的图书空间；上层则作为吊脚楼的连续大屋面，借由 6 毫米的线绳将咖啡厅、下午茶吧、餐厅、酒吧与书店整合为一体，在相异空间的转换之中，令人感受到光影、时间、场所、环境的变化。

一层平面图

精神归属

项目最终呈现材料与空间的结合，体现了独特的构造美学。林中空地的设计以古老的重庆吊脚楼为灵感，因地制宜，进而引发了对现代书店在标准化、多样性和可塑性上的复合功能探索。然而，林中空地的重要性除了它特有的理念，更展现在丰富与细腻的空间中，为人们在忙碌的生活之外，提供一种文化象征与精神归属。

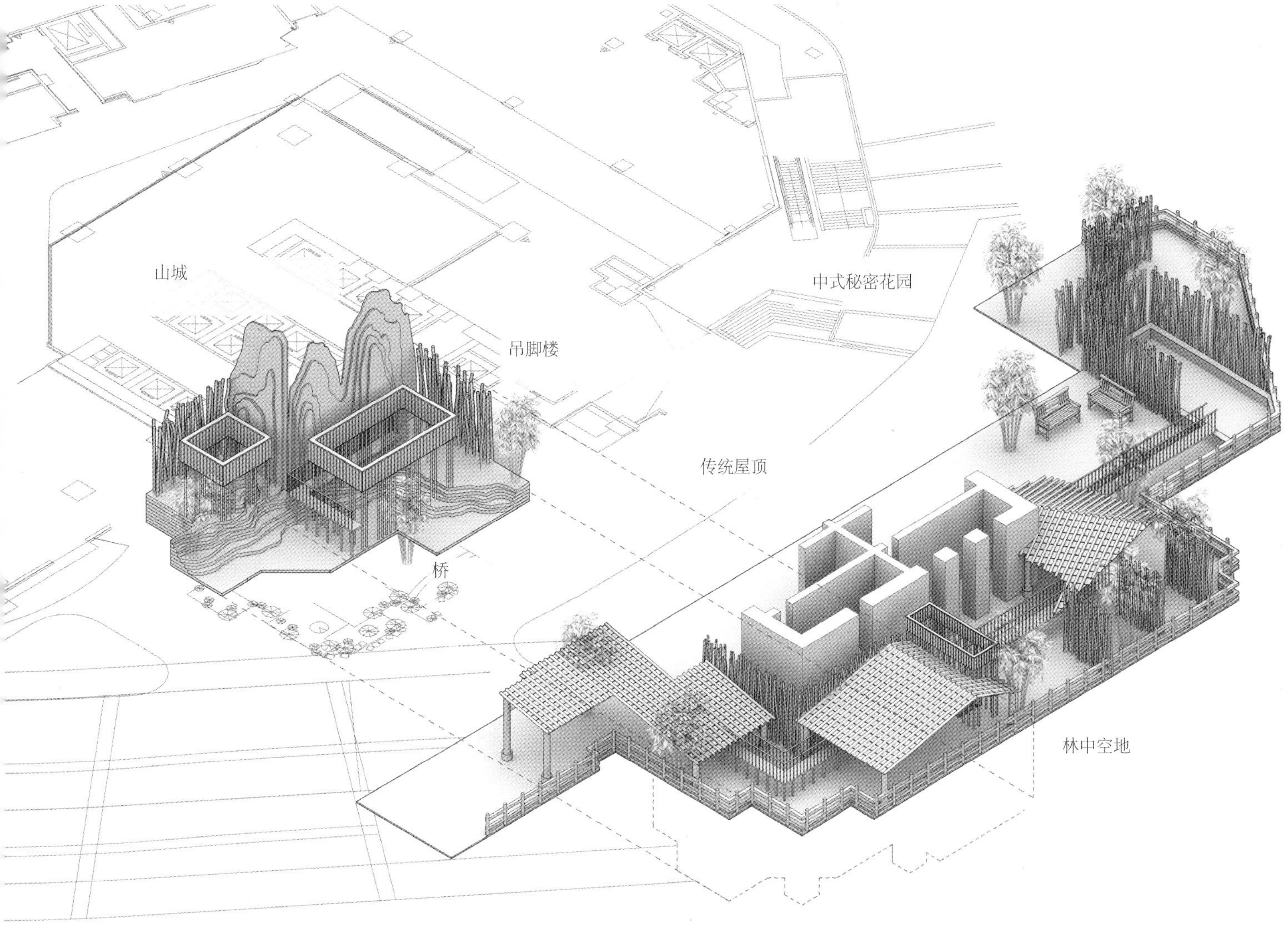

山城
中式秘密花园
吊脚楼
传统屋顶
桥
林中空地

概念图：由重庆吊脚楼转化为林中空地复合书店

坪山文化聚落书城

以场所精神对话城市阅读空间

设计单位： J&A 杰恩设计
项目地点： 广东，深圳
项目面积： 6473 平方米
完成时间： 2020 年
项目摄影： 曾天培
主要用材： 木饰面、肌理涂料、水泥砖

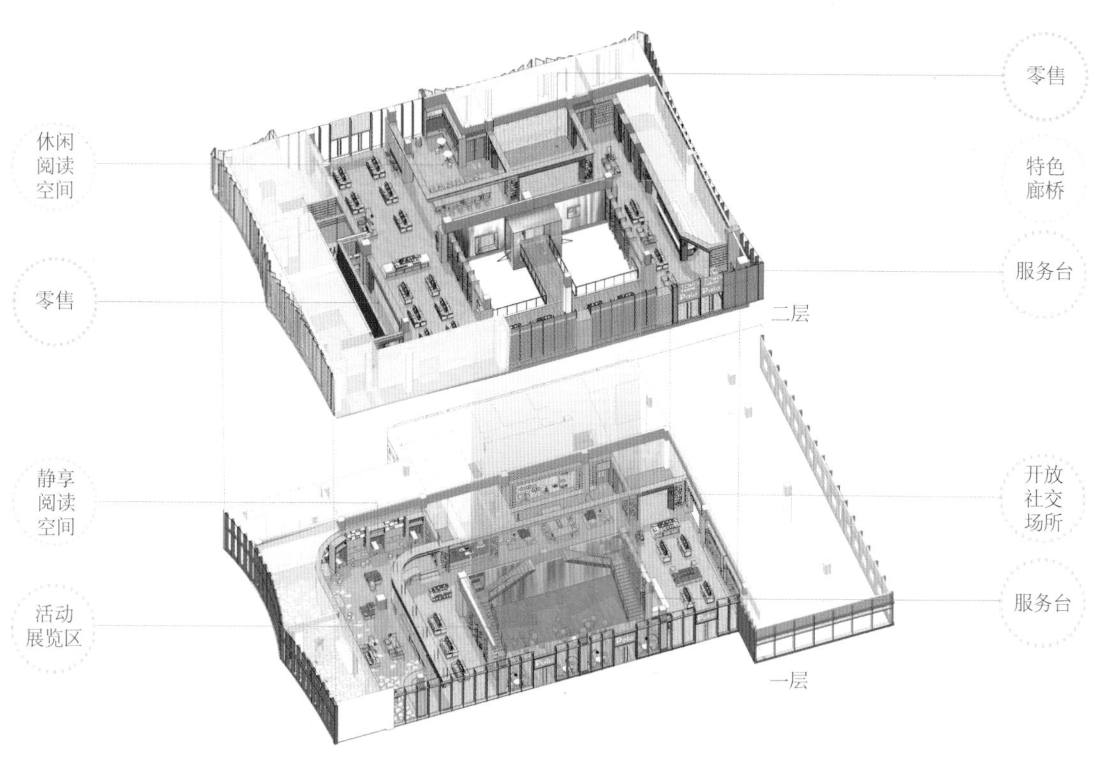

方区轴测图

在坪山文化聚落书城项目中，设计师站在城市与时代的层面，思考“人”和“空间”的关系，希望帮助人们对书城的认知从“空间中的消费”转向“空间的消费”，打破人们刻板印象中传统书店的概念，将图书业态与其他消费业态有机结合，最终形成集图书、美学、文创等为一体的体验式、互动式的“书 +X”阅享生活空间。

▼ 拓展阅读

视觉中国

视觉中国

视觉中国

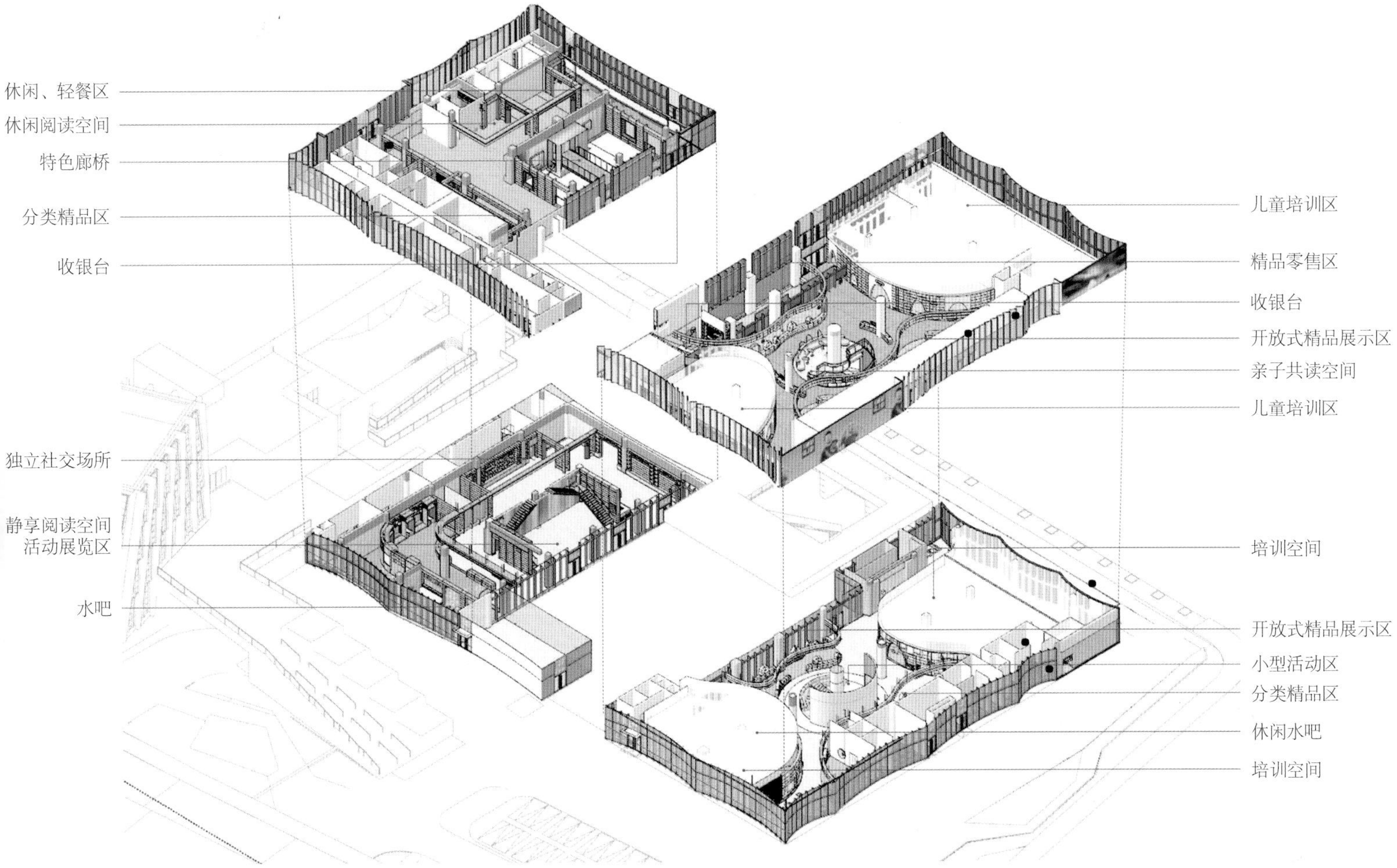

休闲、轻餐区
休闲阅读空间
特色廊桥
分类精品区
收银台
独立社交场所
静享阅读空间
活动展览区
水吧
儿童培训区
精品零售区
收银台
开放式精品展示区
亲子共读空间
儿童培训区
培训空间
开放式精品展示区
小型活动区
分类精品区
休闲水吧
培训空间

根据人群特性与行为模式设置多元化休闲场所

1人
2人
以休闲与交流为主要目的
3人
以活动与交流为主要目的
3人以上
以交流互动为主要目的
独立阅读的空间
随机性 私密型
阅读交流的空间
私密型 沉浸式
互动交流的空间
开放式 共享型
情感交流的空间
亲近型 温馨感
外向社交型空间
亲近型 参与感
休闲交流的空间
餐饮氛围 衍生消费
活动参与的场所
开放型 沉浸式
互动娱乐的空间
体验型 参与感 沉浸式

根据人群特性与行为模式设置多元化休闲场所

场所精神

在社交媒体盛行的当下，书城需要向“产品 + 空间”结合的模式去探索和转型。适配不同读者群体与多种阅读场景的空间及打造差异化的定位才是其核心任务。

设计师根据人群特性与行为模式设置了多元化的休闲场所，提供使用场景自由切换与平行共生的可能性，将阅读、休闲、交流、活动等功能场景置入空间，实现空间与生活场景的无缝衔接，打造出具有温度的场所。

方圆之间

书城以客家围屋为设计原型，以外圆内方的格局为主要特征，通过清晰的功能划分和现代化的处理形式，呈现出符合当代审美趋势的文化空间。整体空间延续传统基调，采用水泥灰与木色、白色，通过材质占比的调配，让南北方圆两区的空间氛围有所不同。

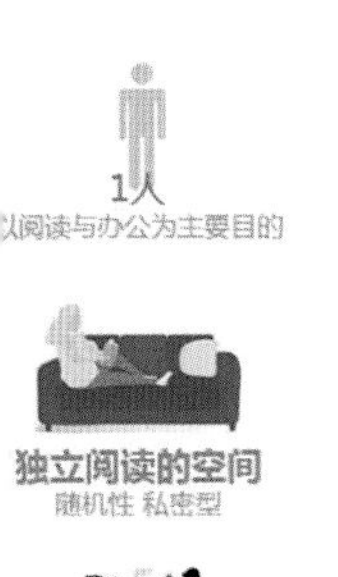

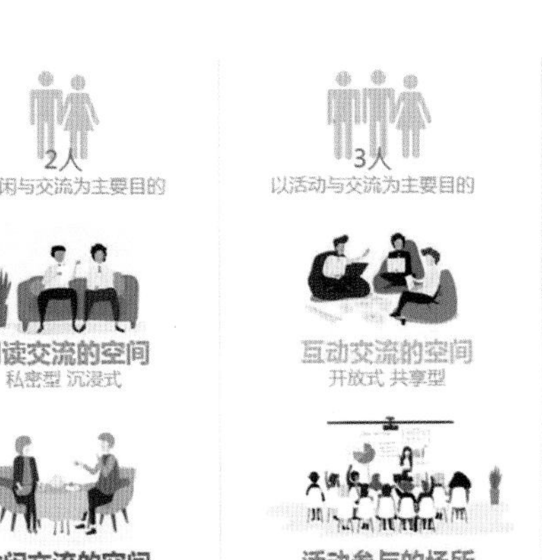

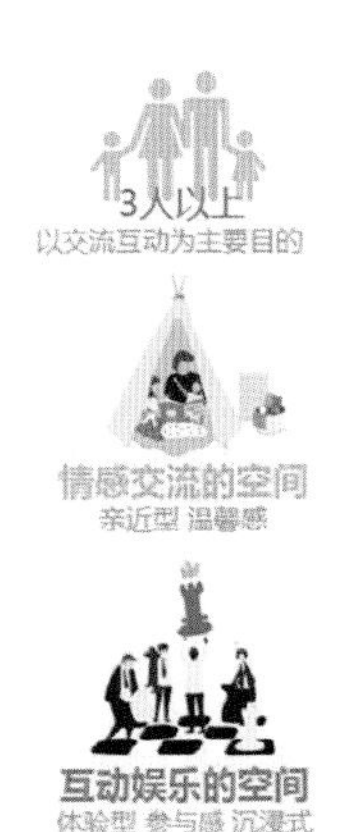

方圆之间书适时光

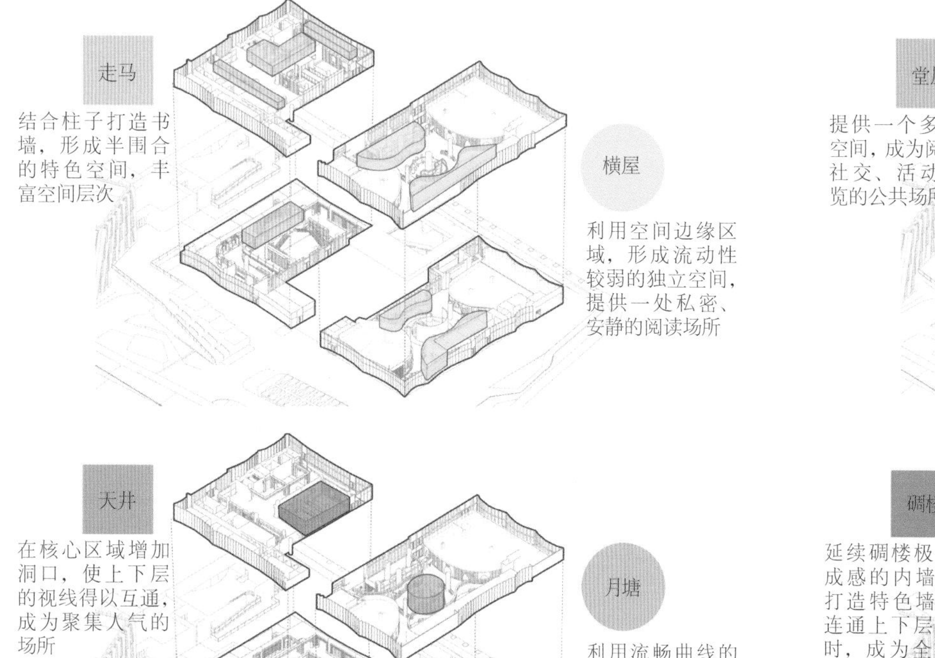
走马
结合柱子打造书墙，形成半围合的特色空间，丰富空间层次
横屋
利用空间边缘区域，形成流动性较弱的独立空间，提供一处私密、安静的阅读场所
天井
在核心区域增加洞口，使上下层的视线得以互通，成为聚集人气的场所
月塘
利用流畅曲线的层叠错落、自然的流动感与丰富的层次，提升功能，打造视觉亮点

堂屋
提供一个多功能空间，成为阅读、社交、活动、展览的公共场所
围龙
用曲线书墙将空
间划分，增加穿
行的趣味性

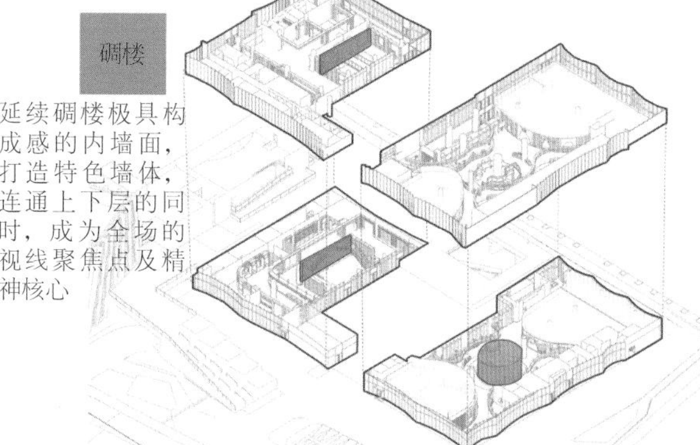
碉楼
延续碉楼极具构成感的内墙面，打造特色墙体，连通上下层的同时，成为全场的视线聚焦点及精神核心
化胎
利用书墙及阶
形成自然的几
空间，成为空
核心区域，提
展览、交流、
读的场所

设计灵感

方区·知识星球

方区定位青年人群，注重质感和小资氛围。整体布局环绕中心活动广场展开，提供一个多元化的空间场景。在核心区域增加洞口，使上下层的视线得以互通，建立起建筑空间的功能性连接。

中庭以“碉楼”为灵感来源，延续碉楼极具构成感的立面，打造特色墙体，利用天花板镜面使造型得到无限延伸，激活了整个空间的记忆点。

方区·趣味人生

二层是书城的休闲阅读空间，设计师在空间设计中延长了“消费”的时间线，通过餐饮、文创、社交、展览等串联起公共区域体验服务。这不仅拉近了客人之间的距离，同时也体现了未来复合型商业空间的设计趋势。

深圳读书月

圆区・阅享生活

圆区定位家庭及儿童，采用更为活泼的圆形与曲线布局。整体的色彩搭配更为明亮简洁，运用清爽的白色与温馨的木色。曲线流畅的书墙将空间划分，增加了穿行的趣味性。

利用书墙和阶梯形成的围合空间是核心区域，是展览、交流、阅读的场所。设计师采用彩色膜为原本平淡无奇的空间增添了丰富的趣味性。白色旋转楼梯宛如一条白色飘带，凸显了建筑盘旋的张力和构架的力量感。

圆区・亲子互动

从平面布局开始，设计师便以"为儿童创造理想乐园"为场景，为儿童构建了一个充满想象力的功能空间，在不同的曲线组合上创造了开放式和不同私密等级的阅读区域。

中庭的亮点是悬浮在天花板上空的白色亚克力特色艺术装置，利用流畅曲线的层叠错落，形成整个空间的视线焦点。

黑洞美妆旗舰店

美与自由

设计单位： 万社设计
主创设计： 林倩怡、杨东子
设计团队： 潘百真、黄永良
项目地点： 浙江，杭州
项目面积： 862 平方米
完成时间： 2021 年
项目摄影： 榫卯建筑摄影

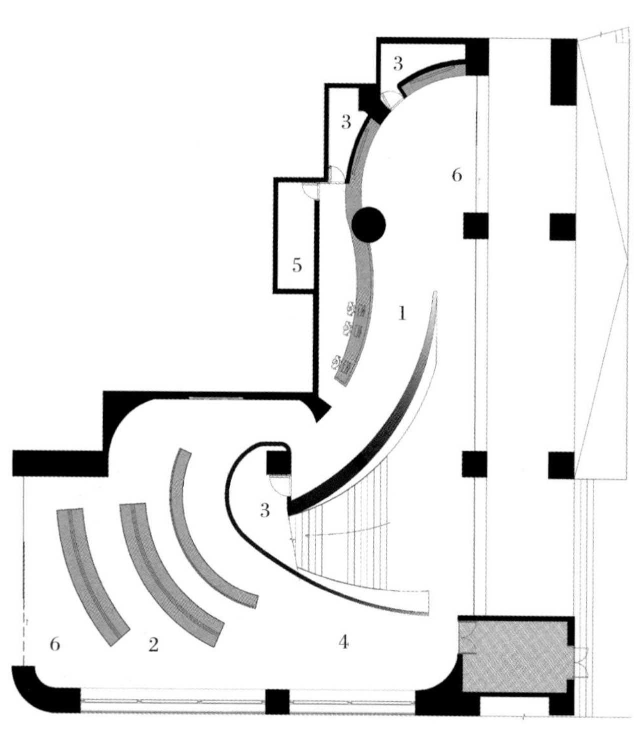

平面图
1 直播间
2 产品展示区
3 高货架展示区
4 矮柜展示区
5 仓储区
6 出入口

黑洞的杭州新店地处杭州市最知名的商圈——湖滨步行街区，毗邻多家国际顶端奢侈品旗舰店，距离世界非物质文化遗产的西湖仅 100 米，地理位置得天独厚，不容忽视的巨大外立面毗邻西湖的入口。

自由、个性、探索性是黑洞（HAYDON）的品牌基因，而吸引力则是黑洞的核心。融合杭州城市的烟雨气质，提取品牌理念中扭曲的引力轨迹，以外立面的方正与内置空间的圆弧，通过具有张力的动线达到里外的极致对比及平衡，形成西湖边一处自由的天地。

▼ 拓展阅读

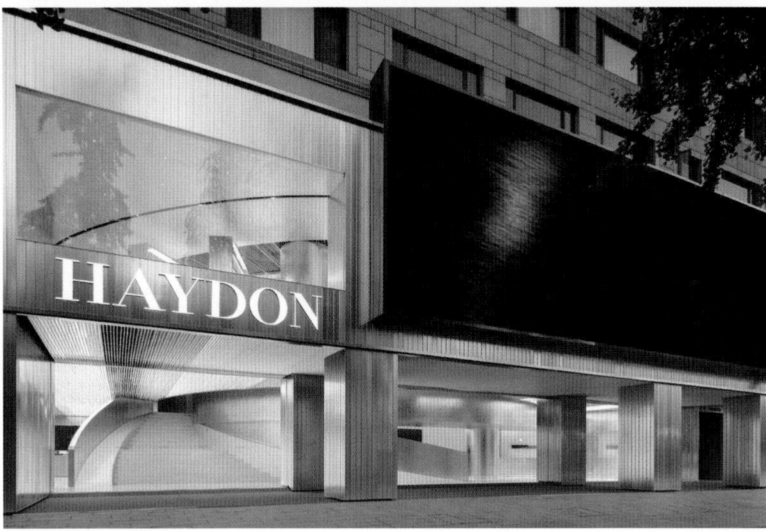

不被定义

在一楼入口处，灵活旋转的镜子、蛋壳黄的烤漆面，在大片的反光银色中调和出温暖的色调。散射灯带、条形吊灯、弧形墙体，以及通往未知的大阶梯等结合品牌本身的理念和对线下零售体验方式的创新，构成了一个在未知中探索的故事。

店面的楼层转换层天花板低矮，顾客在一楼抬头仰视时可以看到顶部空间如星际轨道般逐层攀升，会不由自主地追随着弧形灯带、沿着收银台的指引穿越到后方卖场。这种开放式天花板允许空间灵活排布，同时为明亮的卖场提供一定的灯光散热。

弧形展柜结合连贯独立的三角形镜子使顾客在试用化妆品时俯视即可看到镜中的自己，避免了因镜子数量不足而造成局部空间使用局促的常见问题。随处可见的镜子装置满足了顾客边逛边试的需求，空间与人在镜中自成风景。

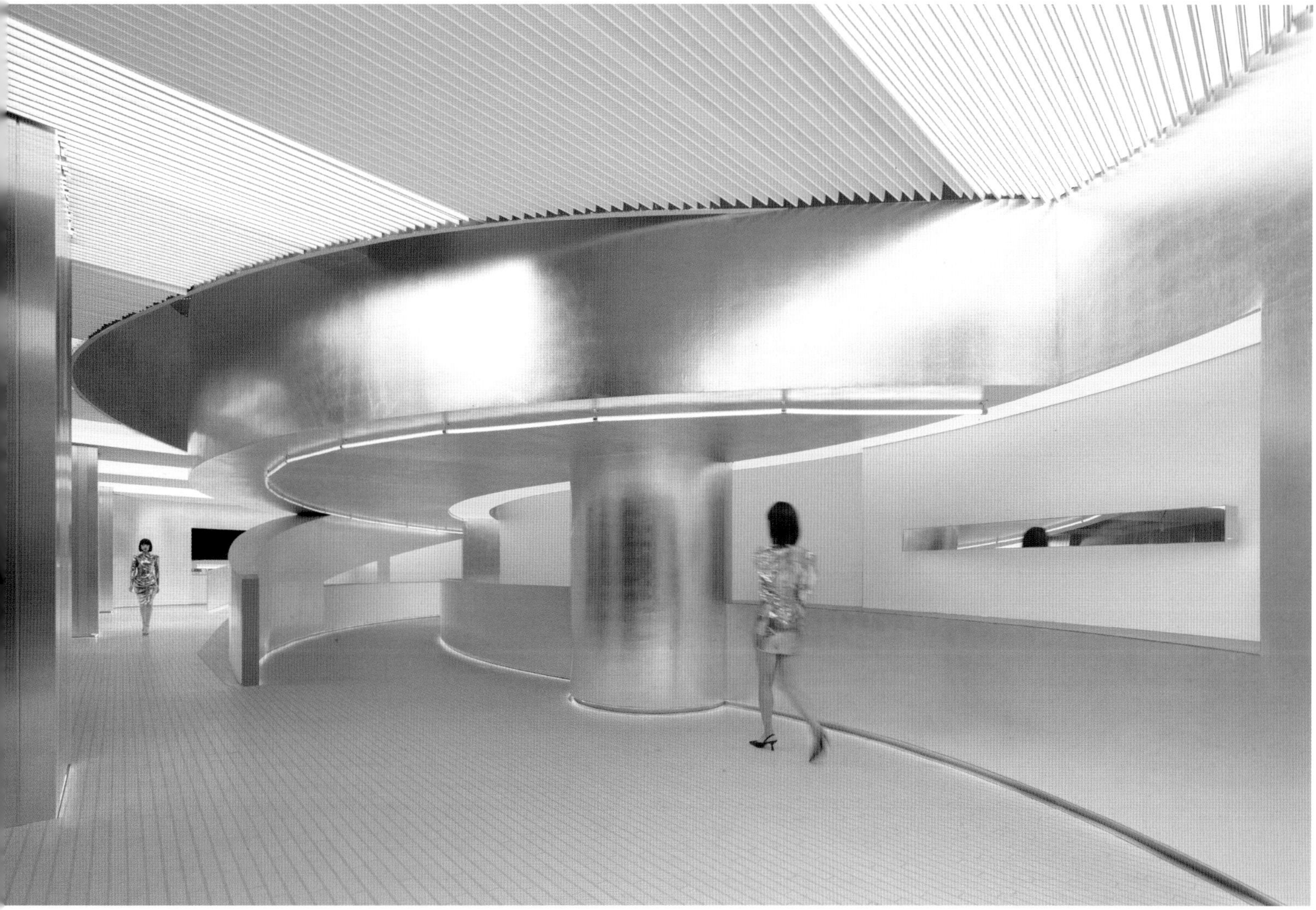

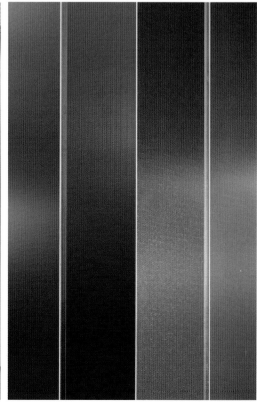

探索性

空间中所有的动线都围绕着中心的黑洞品牌标识发散，形成了极具吸引力的自然动线。而品牌标识所在之处则是空间中最黑的地方，如品牌名字黑洞一般的存在，引导人们自然向上。

进入二层，上下分层的镜面玻璃展示隔断，背后空间可作为直播互动区或跨境商品体验区。行人可以走到玻璃隔断背后的区域体验产品，仿佛闯入后台化妆间，隐约的镜面反射既激发了人们的探索欲和好奇心，又不失高级感。

在材料选择上参考航天材料的质感，空间以大面积的银箔作为基调，纯粹但自然的材质通过互相作用，在反射与折射的多重影响下创造出奇特的光感。

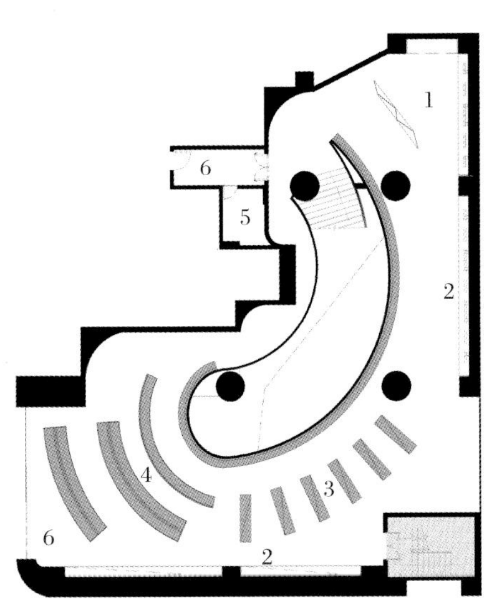

平面图

1 收银区
2 产品展示区
3 仓储区
4 橱窗展示区
5 员工休息室
6 出入口

LANCÔME LANCÔME

人居空间

ESIDENCE

广州云山诗意画坊居

全面空间，自然互动

设计单位： 李友友室内设计有限公司
主创设计： 李友友
设计团队： 李友友、何先权、林佳子
项目地址： 广东，广州
项目面积： 204 平方米
完成时间： 2020 年
项目摄影： 深圳江南摄影

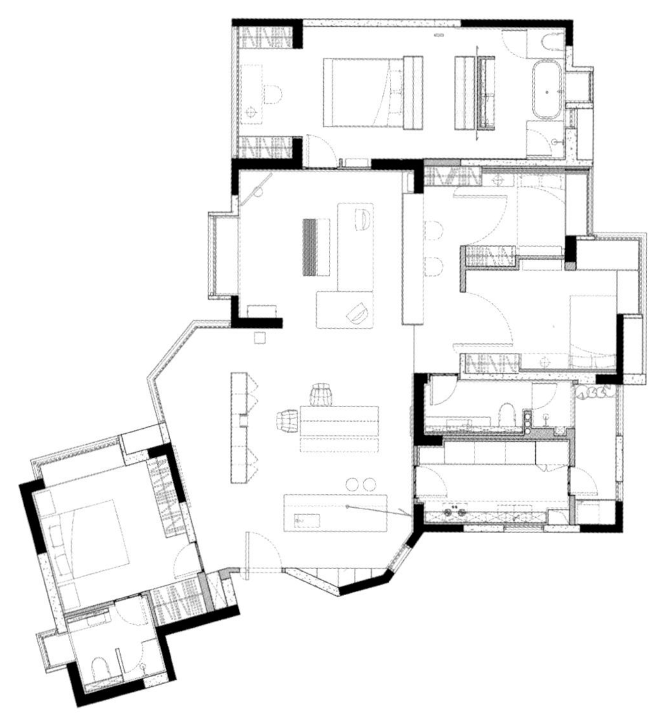

平面图

这是一个三世同堂的家，业主希望它可以舒适、实用又兼顾设计感，既可以拥有一家人的热闹气氛，又能拥有独处时的优雅与静谧。设计师从每个人的生活习惯和生活态度入手，赋予空间不同的特性，并坚持为每一个空间环境找到最合适的物料，从功能、美学与预算等多个维度考量，追求极致的设计效果与居住体验。

▼拓展阅读

空间的开放或自由

当空间的流动性通过自然光与风延伸到情感层面，便能让家人之间的情感得到提升。李友友在设计中，尤为注重家人之间的交流互动。整个空间设计简化了墙和门，形成回流的双动线，打造全面空间，令横向与纵向都有自然光与风的对流。考究的空间动线，让家人不论在家里的哪个角落都可以看到彼此。

家的多元性

全屋采用无主灯设计，光线更加柔和，空间更加有层次感。木制的多功能餐桌，不仅能满足日常三餐的使用需求，还可以当作办公桌。客厅有一处高位，李友友巧妙地在高低位衔接处做了一个多功能的书桌，小朋友可以坐书桌前看书、玩乐高，同时还能与坐在沙发上的父母对视、交流。

多功能书桌后面是儿童房，设计师设计了一道门，门打开时，客厅的自然光和风能自由进入；门闭合时，便形成了一个独立的办公区域。家长可在此阅读工作，而小朋友则可在房间里玩耍，彼此有独立的空间，互不打扰，又可交流互动。可在透明和非透明之间自由切换的玻璃，让空间既具有实用性又保障了私密性。

叙留白艺术

极简，是减少多余的造型和颜色，强化使用者对空间的视点，加强家人之间的交流互动，即使居者于空间中生活数年，并不断加入各种东西，依然能保持很舒服的空间状态。在设计师看来，一个好的家宅，是生活的真实反映，能予人温暖的慰藉，其设计于极简之中投射出生活方式的丰富度。

主人房是自然材质与开放式空间的完美结合，木制的地板上铺着一席黑白灰现代风地毯。女孩房的背景墙采用清新的牛油果绿，以及具有少女心的淡粉色，两者相结合，清新之中带有一丝甜美，正是花季少女天真烂漫的颜色。男孩房则采用了比较酷的深灰色，同时，设计师考虑到小男孩正是活泼爱玩的年纪，为了防止磕碰，特意对书架的边角做了磨圆处理。老人房有一扇大飘窗搭配百叶窗，温暖的阳光透过百叶窗倾泻而入，阳光斑驳的感觉，让人仿佛置身于都市电影的场景中。

极简几何宅

克制的空间美学

设计单位：艾克建筑设计
主创设计：谢培河
项目地点：广东，汕头
项目面积：300 平方米
项目摄影：肖恩
完成时间：2020 年

平面图
1 玄关
2 客厅
3 过道
4 女儿房
5 衣帽间
6 主卧
7 卫生间
8 长辈房
9 衣帽间
10 次卧
11 休闲区
12 休闲阳台
13 餐厅
14 厨房
15 生活阳台
16 保姆房
17 设备间

▼ 拓展阅读

项目的设计灵感源自舞台表现的视觉呈现，白色空间成为人物的背景与舞台，用细节设计与局部的跳跃色彩给人带来视觉的冲击，这也是当代奢宅最时尚的气质——让场所成为居者心目中最安静的舞台。

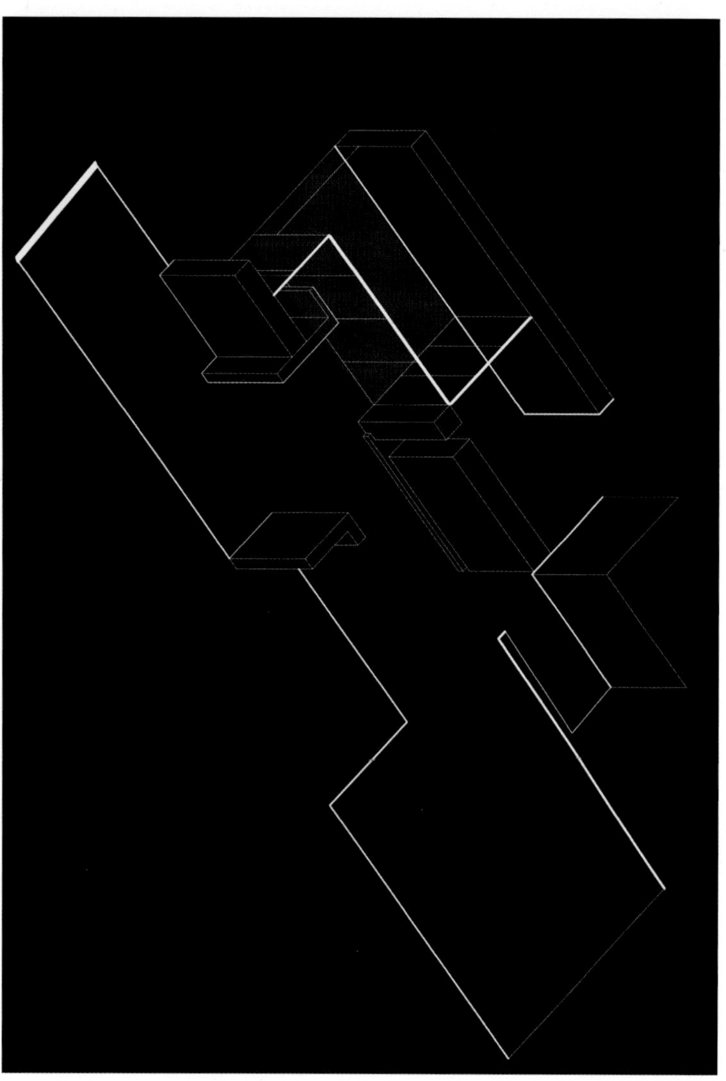

分析图

破界

撕裂原本密闭厚实的空间，模糊边界，让空间变得丰富有趣。入口处可见通道两边的房间，因此通道光线昏暗空间闭塞。设计师将原本封闭的空间打开，让自然光可以点亮空间的每个角落，打造出一个明亮舒适的生活舞台。室内的每一个角落的视线都可以穿透空间，抵达户外空间

折中

要如何表现这个空间是设计师前期在思考的问题。是形式主义还是功能主义？显然一个仅表现解构与造型的家不是人们所需要的。应把所有的收纳与功能进行隐性设计让这个环境呈现最简洁的状态，才符合居者对生活一丝不苟的追求。设计师采用自由的平面和几何构成，产生不同的空间组合，突显居者的个性，追求空间与人的完美互动再通过极简的设计呈现住宅丰盈而极致的精神内核。

克制

空间遵循黑白极简克制美学，大面积留白，显现宁静与包容的特性。黑白相互克制，红色椅子与蓝色孔雀椅在这样冷静的色系里显得安静与高贵，整体配色因克制而产生让人沉浸的力量。

理性

起居室的整体设计也紧扣极简设计逻辑。地毯选用了浅灰色调的材质，在宽敞的客厅中柔和地界定出一个相对“聚”的空间，让原本松散的状态变得精致。浅灰色布艺沙发与地毯互相呼应，强调空间的舒适度与静态的品质。这是一个能让人安静下来的纯净艺术空间。

为了营造一个舒适轻松的用餐环境，设计师将原本的房间墙体改成落地玻璃来与户外空间互联，轻盈的超白玻璃装饰柜悬挂在空间中，在满足功能需求的同时强调其美观性。

原本朝向老城的房间被打开并形成一个户外休闲区，构建出新区与老城的融合及居住环境的迭代，营造出可以感受城市人文气息和内心宁静的生活方式。

在卧室中，白色的空间背景下黑色地面连着墙体，色块清晰。整体空间简洁舒适，当清晨背景音乐轻轻响起时，智能窗帘系统打开，主人即可享受窗外的江景带来的快乐。

二月

生活在诗意

设计单位： 孟也空间创意设计事务所
主创设计： 孟也、刘赛、赵国惠
项目面积： 1200 平方米
完成时间： 2021 年
项目摄影： 萧纬伦（Boris Shiu）

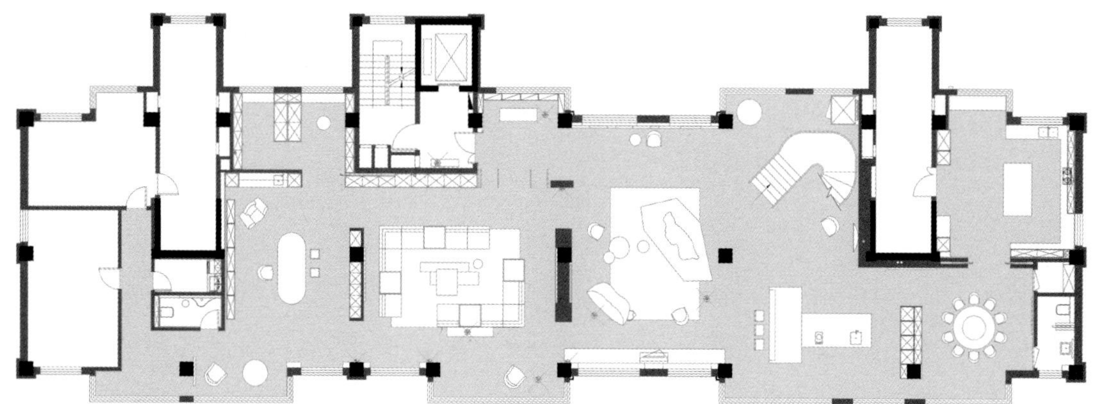

平面图

本项目位于中国北方地区，是一个有着超大空间尺度的三层公寓。项目的一层是由会客厅、起居厅、西厨、餐厅、中厨、书房组成的公共区域。整个建筑的一层东西方向长 40 米，设计团队将原有房间分割墙体全部拆除，重新组合空间，以隔断墙和柜体的形式区隔空间，使各个空间在具有不同功能的同时又相互连接，增加了空间的自由感。

▼ 拓展阅读

黑白格调

从独立的电梯厅进入玄关，即可看到客厅里面旋转加折返的楼梯，像雕塑一样，承载了空间的立体感和艺术感的建设。玄关有两个邻近空间，分别是会客厅和起居室。进入挑空的会客厅，会看到南北两侧有很好的采光：一侧利用比较宽大的墙体，做了模拟现代高层建筑幕墙的结构，更换大面积玻璃，增加通高的壁炉设计，使原来的建筑缺陷——不规则的、笨重的墙体和窗子关系得到完美的处理；另一侧，原有的窗子需要做封闭处理，在墙体上挖大小不等的圆形洞造型进行采光。会客厅的北侧增加了一个廊桥，以不规则的造型呼应着楼梯的形态，那是二层空间的连接纽带，也是独特的空间特征。会客厅的黑白格调简约、明朗，与粗犷而温润的木制材料构成了空间中主要的色彩关系。

刚柔并济

客厅的一侧是起居厅，经典的“麻将沙发”错落叠放，制造了轻松的起居氛围，高级的花色克制而又生动。墙面上宛如红日升腾而起的艺术品，是由无数纸做的花卉一朵一朵组成的。这是艺术家作品，以不同的角度看会呈现不同的颜色，象征着多姿多彩的生活。

起居厅一侧的书房，是父母会客以及亲友聊天的区域，极简的展示架、大理石书茶台，会见证每一场的相聊甚欢。

开放式的西厨紧邻挑空客厅，巨大的台面方便实用，极好的采光让主人的烹饪、早餐以及待客都显得是一种享受。西厨和中厨之间是中餐厅，简约的黑白搭配的桌椅利落而高级，一个充满了浪漫主义情调的金属质感玫瑰花造型吊灯自天花板垂下，以柔情化解硬朗。

现代诗意

项目的二层是父母的居住区域，需要从客厅上空的廊桥到达，满满的仪式感，一路能体验到房子的空间立体关系，一步一景。

三层由起居厅、次主卧和两间预留的孩子房组成。起居厅分成四个功能区域：视听区、围炉区、工作室区、西厨区。四个功能的设定，是希望起居室能够承载一个小家庭的成长。

三层空间相对独立，代表着年轻的生活态度，不拘一格又充满温情，可用于读书、办公，亦可用于家庭娱乐、聚会。这是一个适合现代小家庭使用的综合性空间。

建筑的屋顶上开了一些采光窗。不规则游弋状，对应着空间的布局，突出了空间感，提升了室内采光度，也增添了与众不同的空间体验，独一无二才是人们对于拥有感最好的诠释。

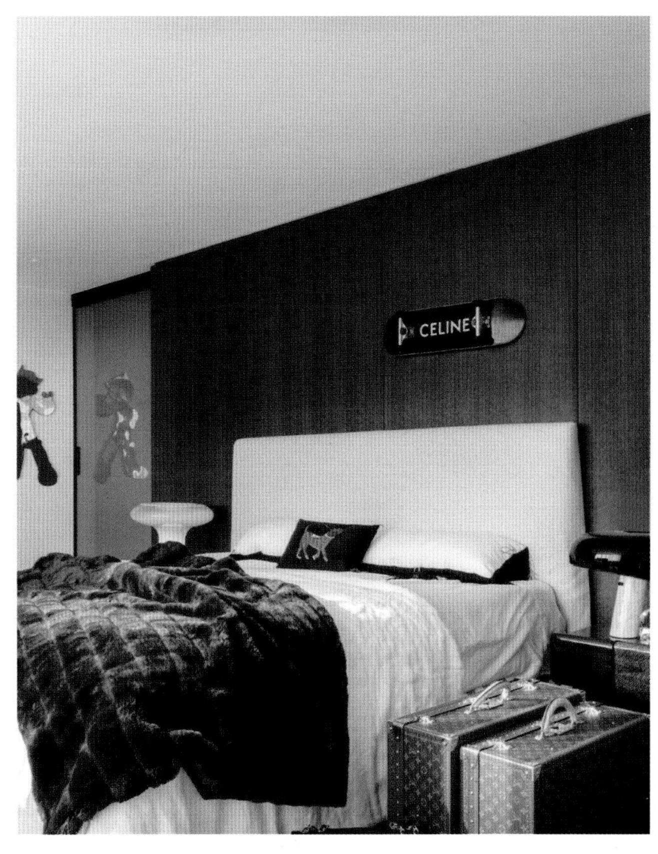

陶宅

精密艺术的都市人居构想

设计单位： 红山设计
主创设计： 党明、李丹迪
设计团队： 解旭、王青、奥秦歌
项目地点： 北京
项目面积： 170 平方米
完成时间： 2020 年
项目摄影： 谭啸 / 十摄影工作室
主要材料： 人造石、白色烤漆板、金属、乳胶漆、尼龙地毯、玻璃、橱柜

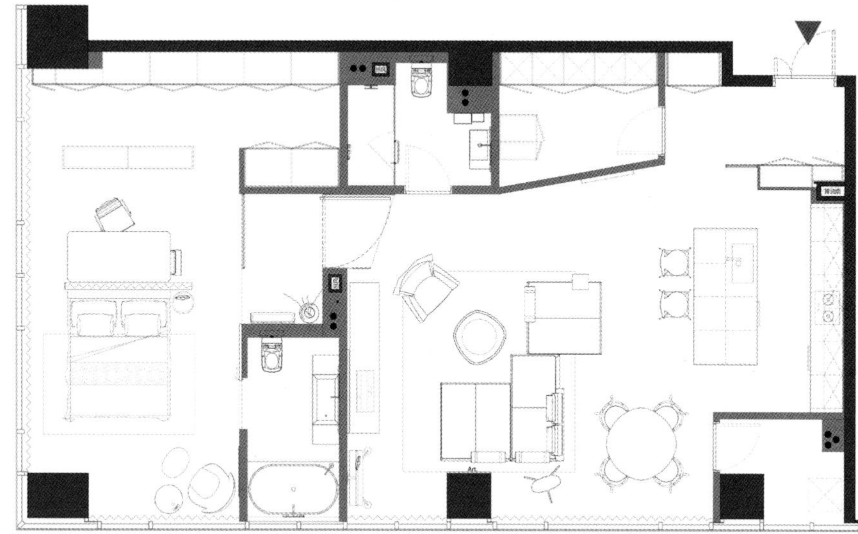

平面图

项目位于北京市现代制造业的核心区域，置身于科技产业基地里的生态环境住宅区。本案的空间设计策略从场域气质、功能舒适度和美学价值出发，将严谨的机械工艺与柔性的艺术时尚相糅合，呈现了兼具理性基调与感性表情的高品质居住方式。

▼ 拓展阅读

汽车美学，减法思维

业主是一位“Bimmers”（宝马爱好者），也曾是一位资深的汽车媒体人，对“舒适性与操控性”充满了向往。设计师利用业主热爱的机械美学元素，用简练的设计语汇推演出明朗干练的硬装构图，结合经典的黑白灰系主色调，以及皮革、金属和镜面材质的交汇，量身定制业主心所向往的私属空间。

设计师依据业主个人的生活起居特点和职业习性，从户型的可变主体结构着手做减法，对原本常规的三室两厅公寓进行“非常规”的平面优化，使之成为一室一厅搭配开放式厨房的一个通透整体。吧台、沙发、层架及隔断隐性地划分出空间的段落。不同功能区域既彼此独立，又无碍于大空间的流通感。

在石材铺垫的浅灰色底色中，与汽车外观相呼应的金属、镜面及内饰皮革等材质交汇于室内。不同灰度和肌理细节带来微差而平衡的美感，同时精心的落点设计符合人体工程学和行为模式的流线型家具及设施组合，诠释了如汽车制造般精确考量的空间构图与线条关系。结合巧妙隐藏存储、电器、机械等复杂系统，达到以极简示人的视觉界面。

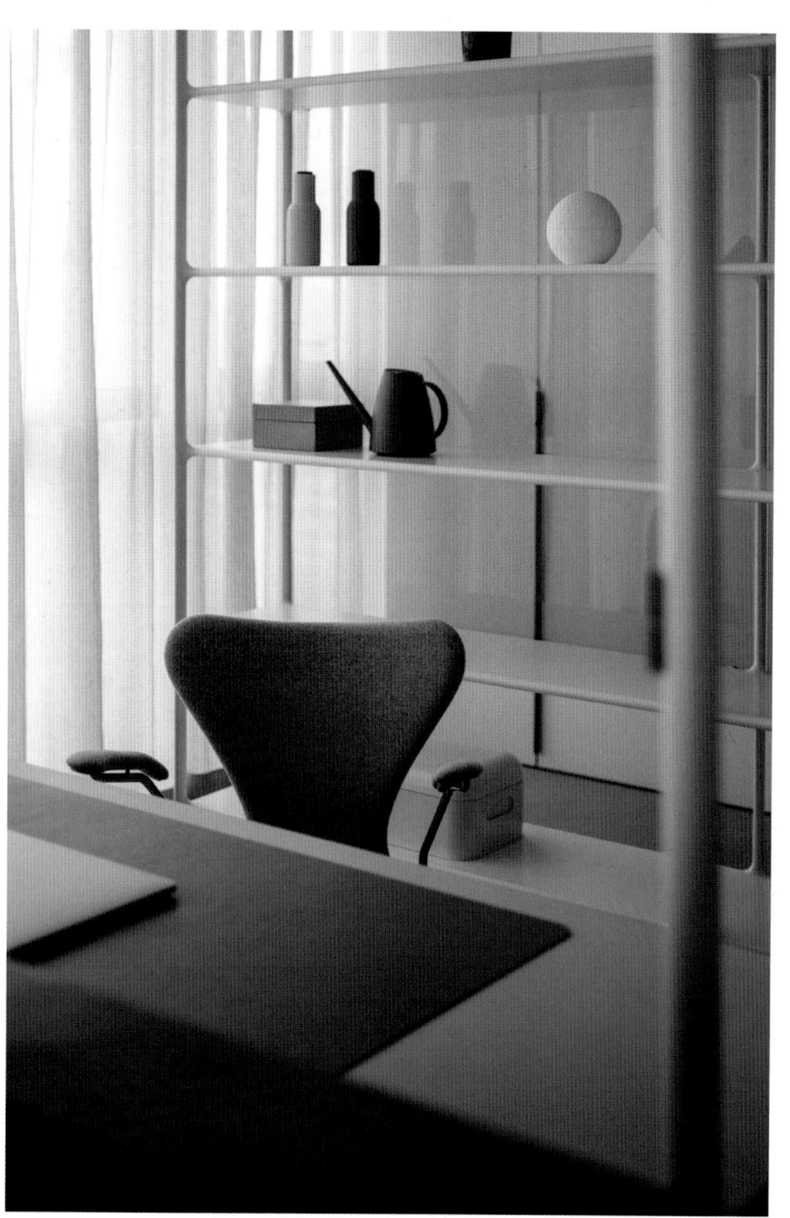

理性糅合艺术

在整体空间的理性基调下，设计师亦借助物象的表达和富于创意的框景，勾勒出刚柔相济的平衡之美。

卧室以一扇门带来时空纵深的仪式感，嵌入墙体的框状体量经抬高的地面仿佛悬浮于公共与私人空间之间。透明的材质避免阻隔视觉的连续性并强化了微妙而轻柔的空间过渡。

视线交织的留白处，用来展示业主专门为新家添置的艺术画和经典设计收藏，以归属感的塑造来为人生与事业注入持久的动力。

当下宅居的另一种打开方式

基于设计师与业主对当代生活方式的理解和共识，本案传输的不仅仅是一种生活状态，更是对居住理念的引领。

通过优化空间使用率、功能舒适度、光环境及通风效能，创造有机、流动而有弹性的居住环境，诸如睡眠区与工作区相结合的卧室，以及家与展陈空间之间的平衡关系都为居家空间带来更多元的操作方式和丰富的层次，这对于后疫情时代的住宅设计不失为一种趋势引领。

文化教育

LTURE AND EDUCATION

Qkids 久趣 / 英语中心

翻转吧，蓝色海洋

设计单位： Crossboundaries
主创设计： 蓝冰可（Binke Lenhardt）、董灏
设计团队： 顾畅、黄彪、郝洪漪、于泓浴
项目地点： 福建，厦门
项目面积： 300 平方米
完成时间： 2020 年
项目摄影： 白羽
主要用材： PVC 地板、亚麻地板、喷砂不锈钢板、喷砂铝板 + 亚光地膜、陶瓷瓷砖、木材、超白玻璃、乳胶漆、吸音毡

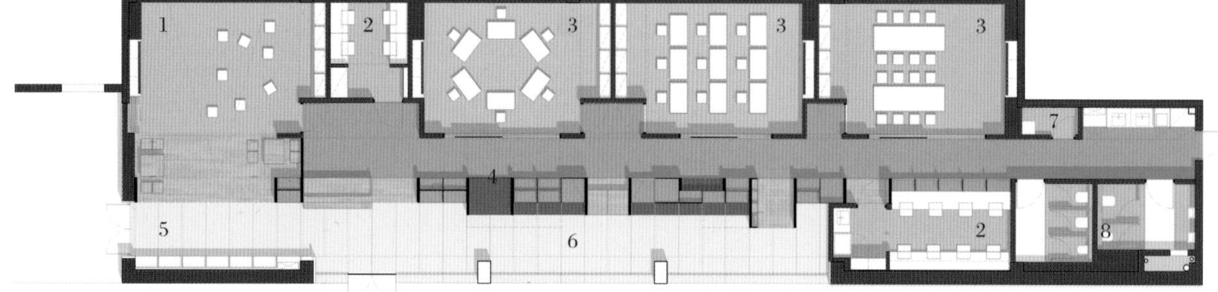

平面图
1 多功能教室
2 办公室
3 普通教室
4 蓝色集成空间
5 阅读区
6 接待展示区
7 储物间
8 洗手间

Qkids 久趣 / 英语中心位于厦门市思明区文化艺术中心鹭岛天地十字街心东北侧。店铺空间体块狭长，长 36 米，宽 9 米，自然采光条件欠佳。

久趣，喻指“保持持久的动力，让学习充满乐趣”，这是 Qkids 久趣作为一家专业的教育科技公司一直以来坚持的教育理念，这也与本案建筑师在教育空间设计中不断探索“寓学于乐”的想法不谋而合。

▼ 拓展阅读

空间重组与玩乐汇融

建筑师拆除原有的店招遮挡，将门头净高扩大至 3.3 米，一方面可以改善采光效果，另一方面也将原本的橱窗展示面扩大到极致，为客户带来更好的商业宣传效应，以吸引更多潜在的学员。

在色彩上，建筑师呼应久趣英语产品平面设计中以蓝色为主色调的做法，汲取其品牌视觉标识系统中二级蓝色色彩，在视觉上创造强有力的识别性，在空间体验上营造清爽与舒适感。

在空间上根据私密程度和使用时间，建筑师将空间功能进行梳理和重组，并置入一个横向贯穿整个场地的蓝色集成空间，巧妙、柔和地在各层级空间内建立了边界：前方的公共空间、中间的半公共走廊和后方的私密空间。

整合后的功能区以木色模块水平或竖向堆叠的方式集成于蓝色空间上，充分发挥店面场地层高 4.5 米的优势。

C
教室
CLASSROOM

虚与实的碰撞

蓝色集成空间展示面由模数为 800 毫米的大型钢架组成。钢架的第一个重要作用：以“虚”的手法分隔空间，便于前台对课时和非课时、学员和非学员进行区分管理，同时保持各层级空间之间的视线通透，允许室外自然光线通过空置的格架穿透至内走廊，从而减少有限净深带来的压迫感。

钢架的第二个作用：作为 4 米高的支撑结构与公共区域各木色模块焊接在一起。底层是为家长和学员设置的接待、休息和阅读区域，用木制和亲肤的软包垫装饰。模块内固定家具与灵活家具组合搭配，可适应不同时段人数的变化。上层木色模块是专为学员打造的冒险天地，在休息或等待时，小朋友可以攀爬进入上面的小空间进行探索，他们将会在不同视角有新的发现。

钢架的第三个作用：为可移动的蓝色模数化家具提供摆放空间。所有家具的布置方式可根据实际使用场景和使用人数随时调整。

长颈鹿美语前滩空间

魔毯上的学校

设计单位：杜兹设计
主创设计：钟凌
设计团队：胡颖祺、胡永衡（参数化建模）、施望刚、刘颖、许可、万涛
视觉设计：知本设计
项目地点：上海
项目面积：630 平方米
完成时间：2020 年
项目摄影：吴清山

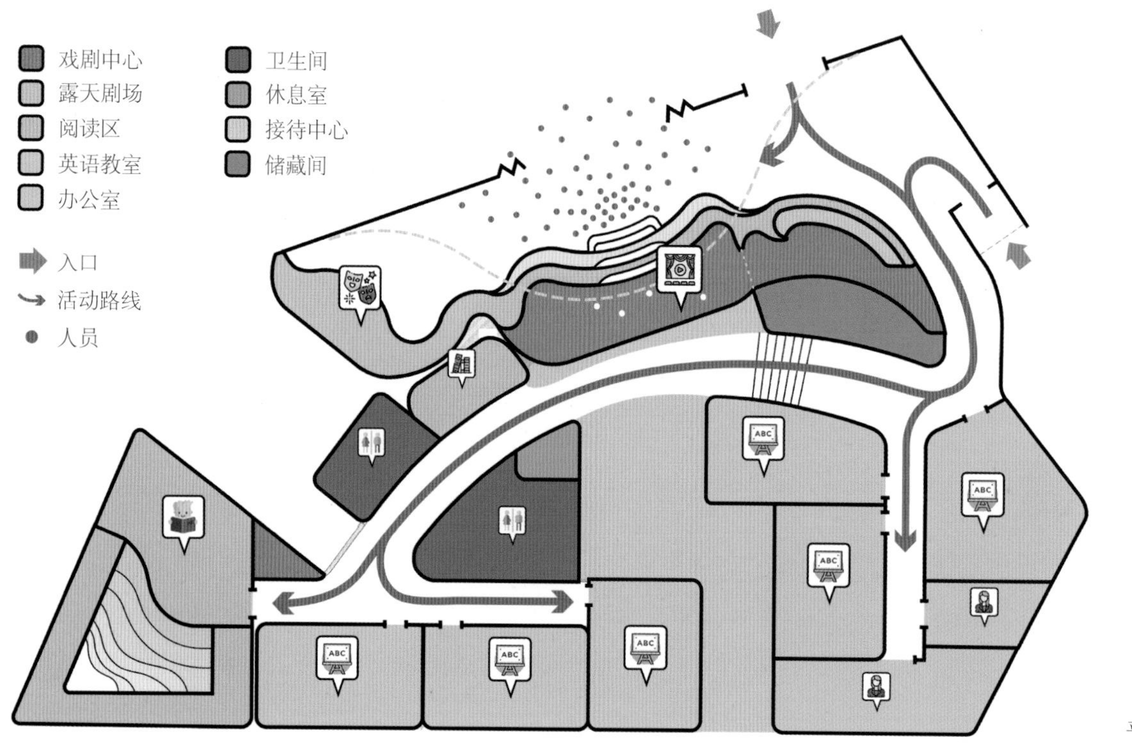

平面图

不规则的异形空间由不同夹角的墙面相接围合而成。整个空间的格局就像一个探出的鹿头，很可爱，但对于空间布局和改造来说，则是一个巨大的挑战。

基于功能的定位，在这个总共 630 平方米的不规则空间中，需要加入 1 个开放式剧场、1 个图书馆、8 个教室，以及接待和办公区间。同时，由于前端空间面向开放的广场，设计师还需考虑公共展示功能。

▼ 拓展阅读

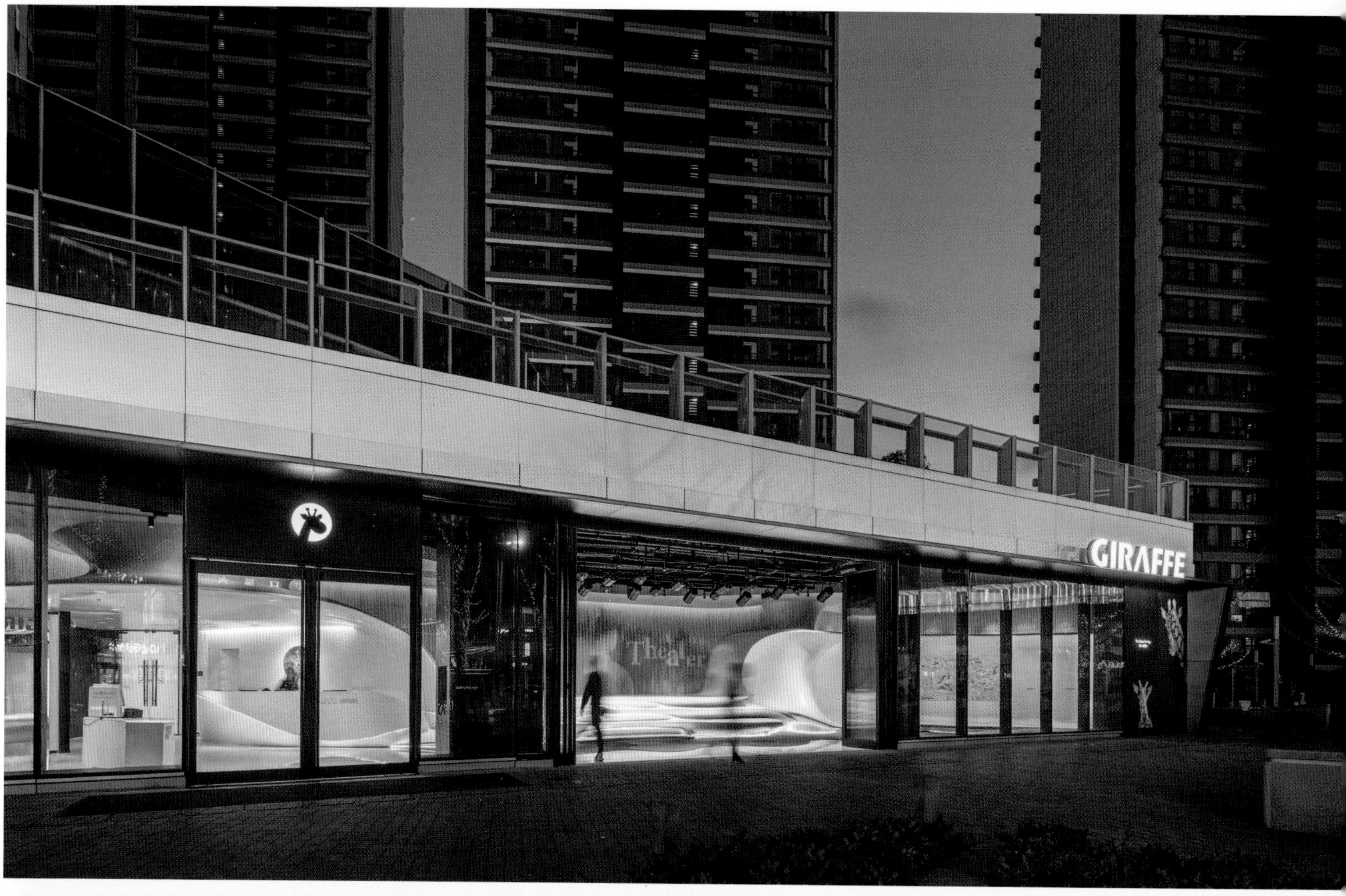
GIRAFFE
Theater

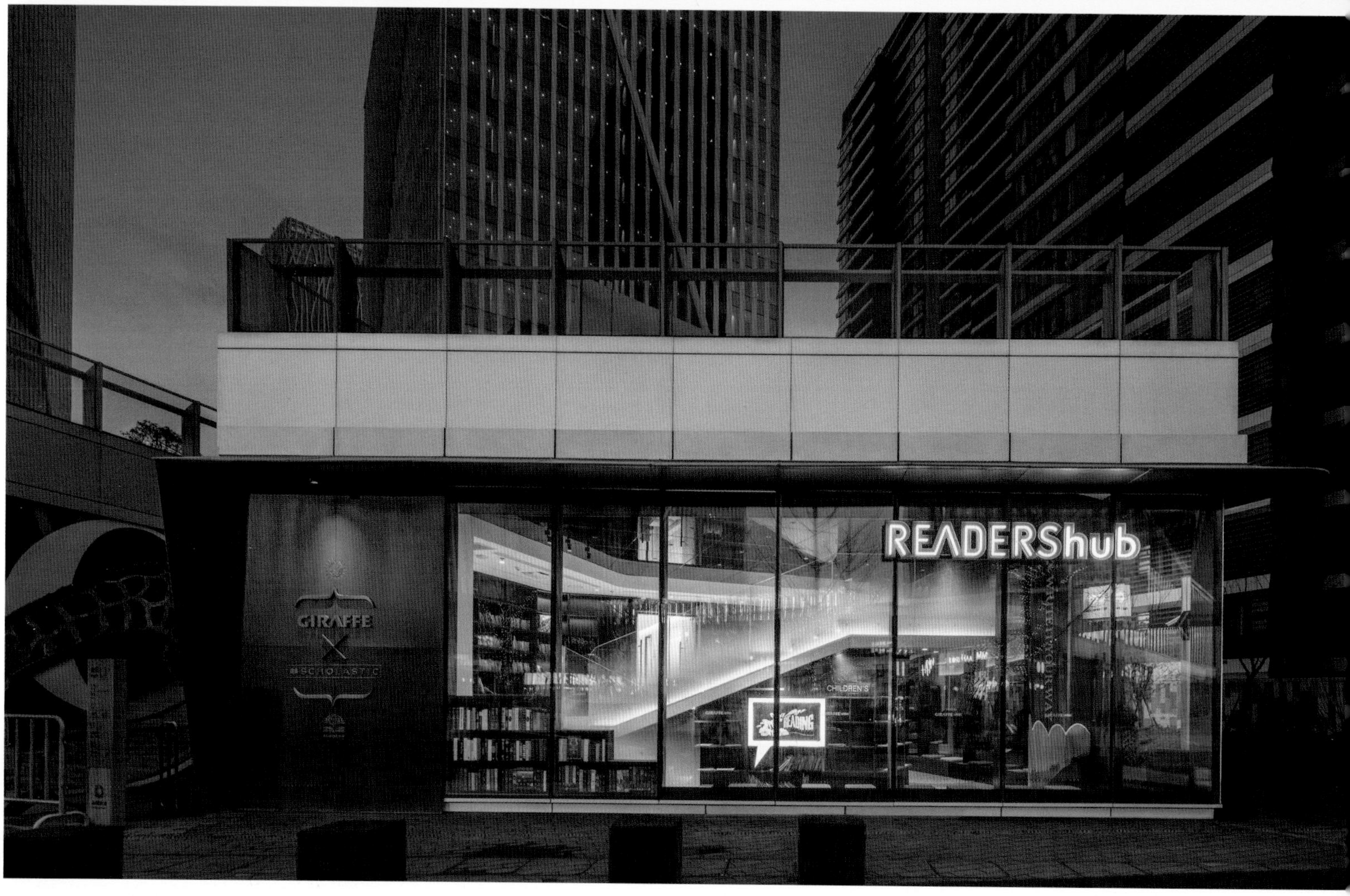
READERShub
GIRAFFE

设计灵感——魔毯上的学校

该空间层高 5 米，有一定的空间优势。设计师丰富纵向结构空间的层次，将抬高的边缘处理成魔毯的形态。由此，一所“魔毯上的学校”诞生了。

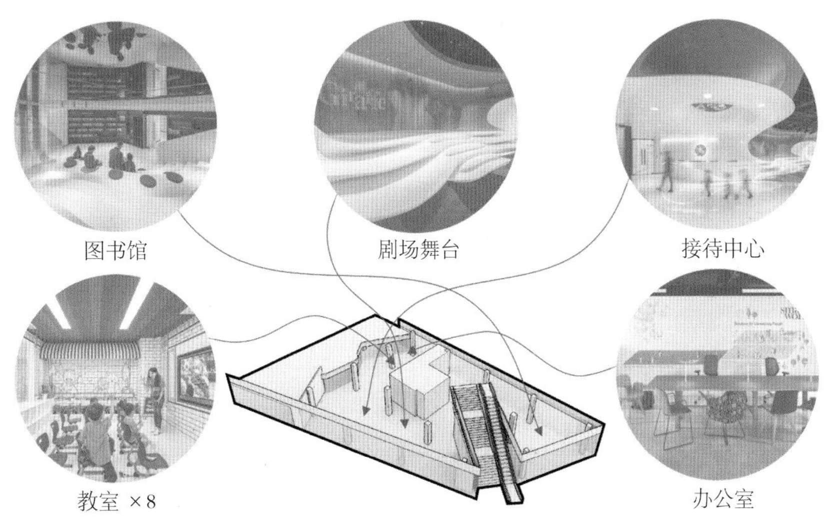

流动的篇章——层层递进的沉浸式学习之旅

抽象起伏的流线是设计的核心。以功能与体验为
向，设计师为孩子们设计了一组充满想象力的动线，并
名为“流动的篇章”。开放式舞台、戏剧教室、图书馆
巧妙地结合起来，如同一本吸引人去不断探索的魔法之书
吸引着孩子们不断地进行探索与发现更多乐趣。

入口设计分别考虑了商场人流与广场人流的动线，
贴心地为从商场进入的孩子们设计了一个“魔法隧道”
口。当孩子们好奇地钻过这个隧道，就进入了充满想象
的“流动空间”。

面向广场的“开放式剧场”，是整个空间的核心所在
整个大厅被设计成一个舞台，是孩子们学习、排练和演
的场所。阅读空间被设计为一座地形起伏的“阅读剧院”
孩子们高高低低地坐于其中，享受属于阅读的乐趣。所
的教室都被巧妙地安置在靠近“鹿脖子”的安静区域，
证了教学空间规整。

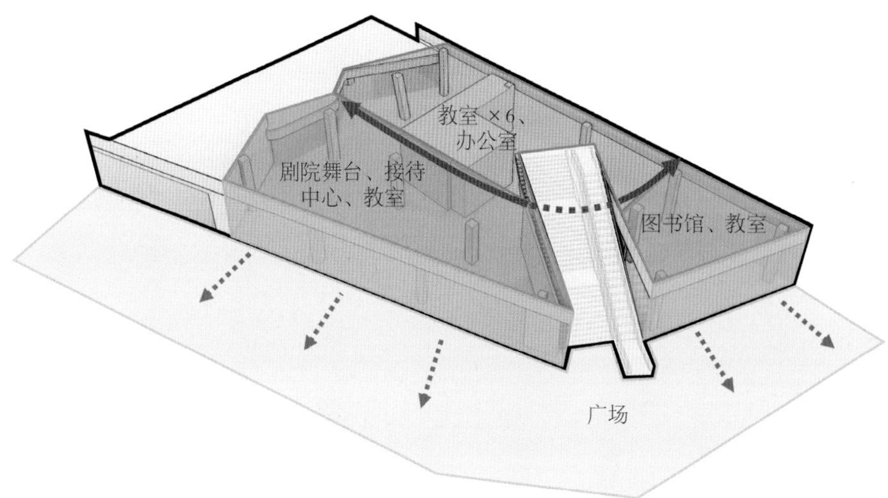

功能区划分

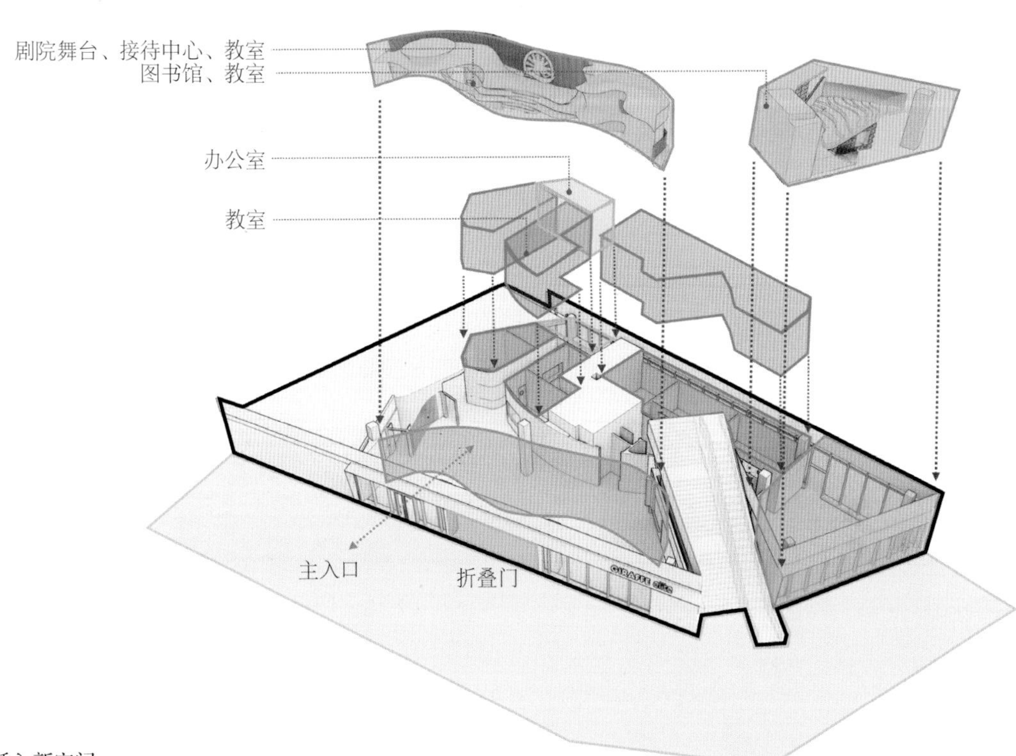

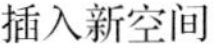
插入新空间

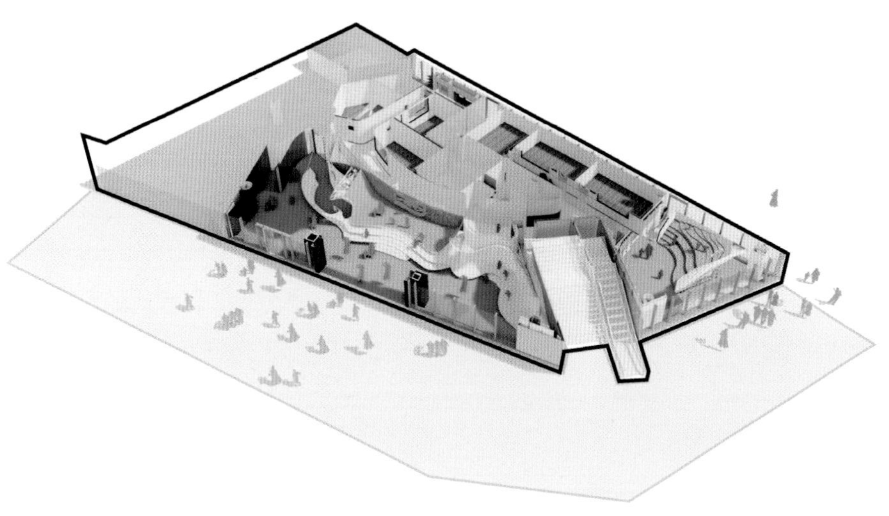

改造后空间

FICTION
NON-FICTION

数字化设计——智慧赋能的空间布局

设计师将数字化设计与建造技术应用在形态生成、结构优化、立面模拟、施工生成中，以精确的计算和无数次的调整，使整个曲面有方向性地指向和拓扑性地延续，将接待台、台阶、舞台、Speak Up 舞台有机地整合在一起。

在舞台背景木纹墙的设计中，设计师通过严谨的计算，优化了图案的宽度、长度、间隙和色彩。得出的抽象线性的木纹阵列将舞台门准确隐藏，在变化中清楚地拟合三维标识与文字，用光影与自然的色彩使整个舞台背景在有限的空间中得以丰富展现，最终生成了一个既美观又实用的装饰面。

宁波诺丁汉大学图书馆

将校园森林以另一种形式呈现

设计单位： 宝麦蓝（上海）建筑设计咨询有限公司（Broadwaymalyan）
主创设计： 宋诺彬（Ben Somner）、张茜
合作单位： 宁波大学建筑设计研究院有限公司
项目地点： 浙江，宁波
项目面积： 24 832 平方米
完成时间： 2020 年
项目摄影： 梁文军

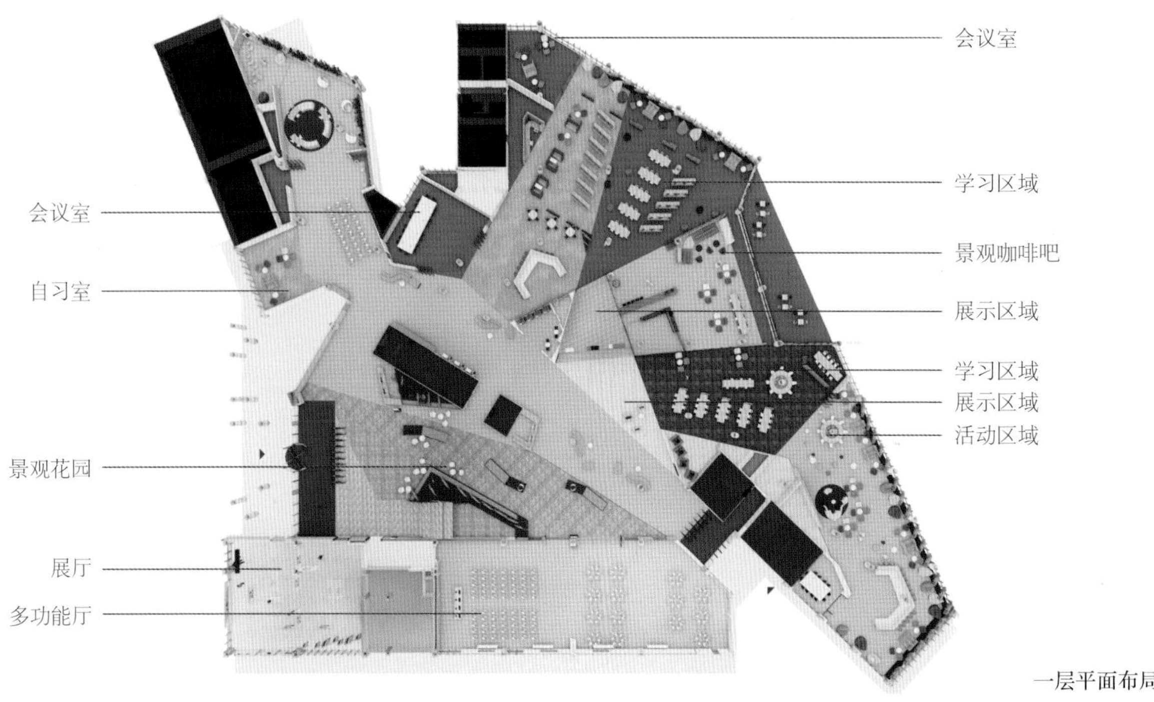

一层平面布局：功能分析

▼ 拓展阅读

项目的原址是一片小树林，郁郁葱葱的树木见证了师生们十三年的成长时光，是校园中让人记忆深刻的一个场所。基于这个初衷，设计师决定要通过室内设计的效果将这片森林以另一种形式呈现在宁波诺丁汉大学师生们的面前。

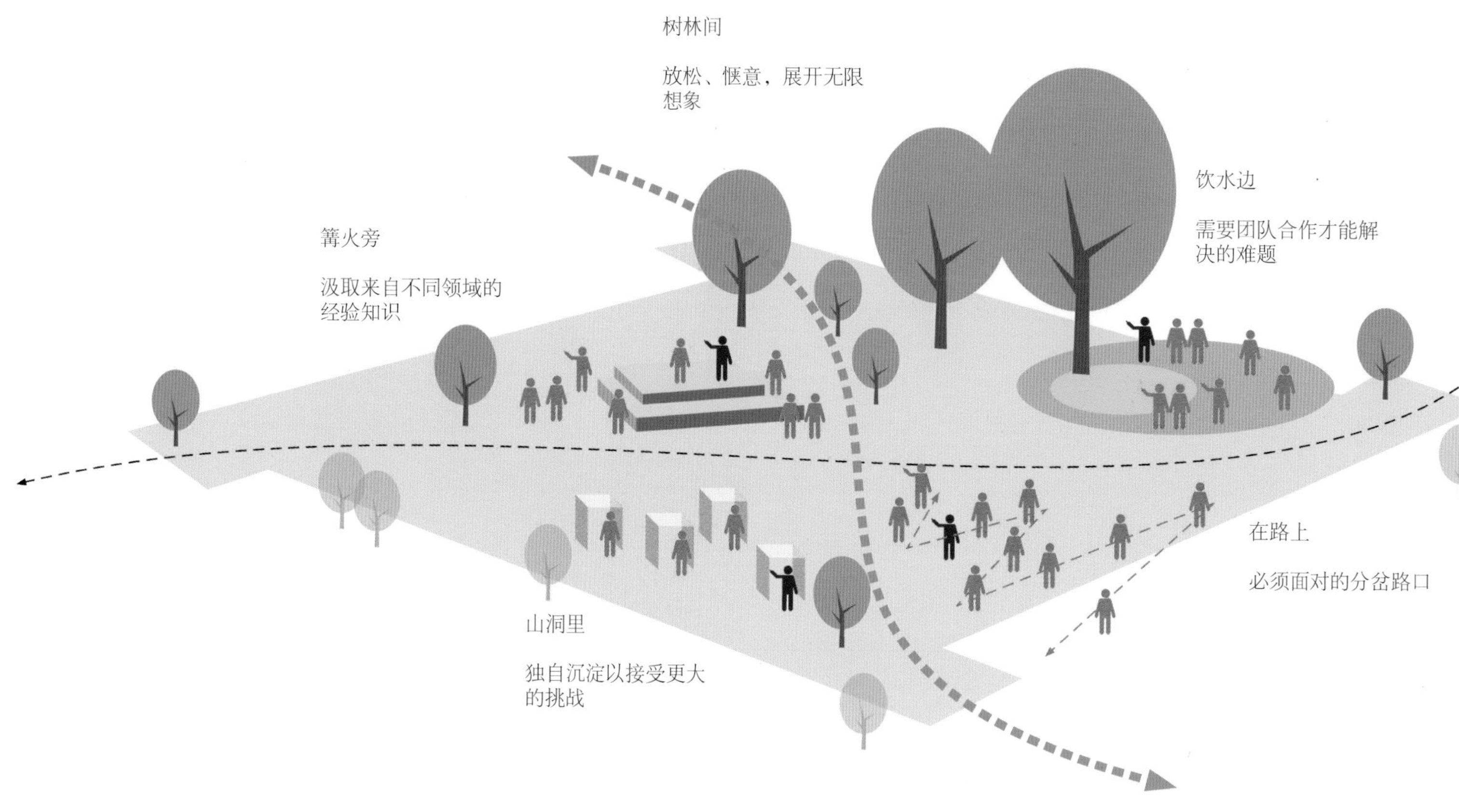

设计灵感

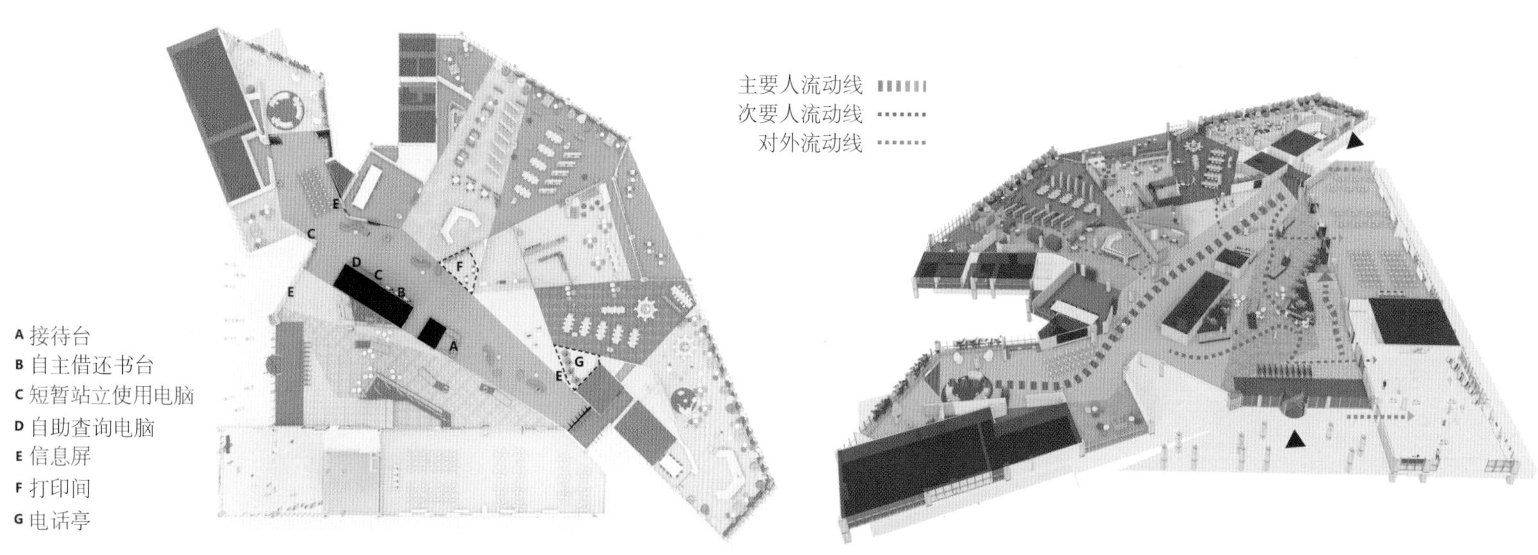

一层平面布局：公共设施

一层平面布局：流线分析

平面布局——社交、协作、学习、科研

设计师严格考量校方的需求，令每一层楼都有着不同的使用功能以及清晰的定位：社交空间、协作区域、学习园地、科研共享空间，并在此基础上提出将连接性、灵活性和通透性这三个重点融入空间动线。

图书馆的中轴线将两个出入口和各个主要空间串联起来，所有公共设施沿中轴线分布。除了特定的功能，每一楼层还具有丰富的可能性，例如，学习园地中轴有讲座、展览、花园等多样性的灵活空间，从而为学生们带来与众不同的学习体验。这样的功能布局向师生提供了丰富的资源、领先的科技和宜人的环境，并且符合全校的文化重心，传递传承、精进和卓越的主题。

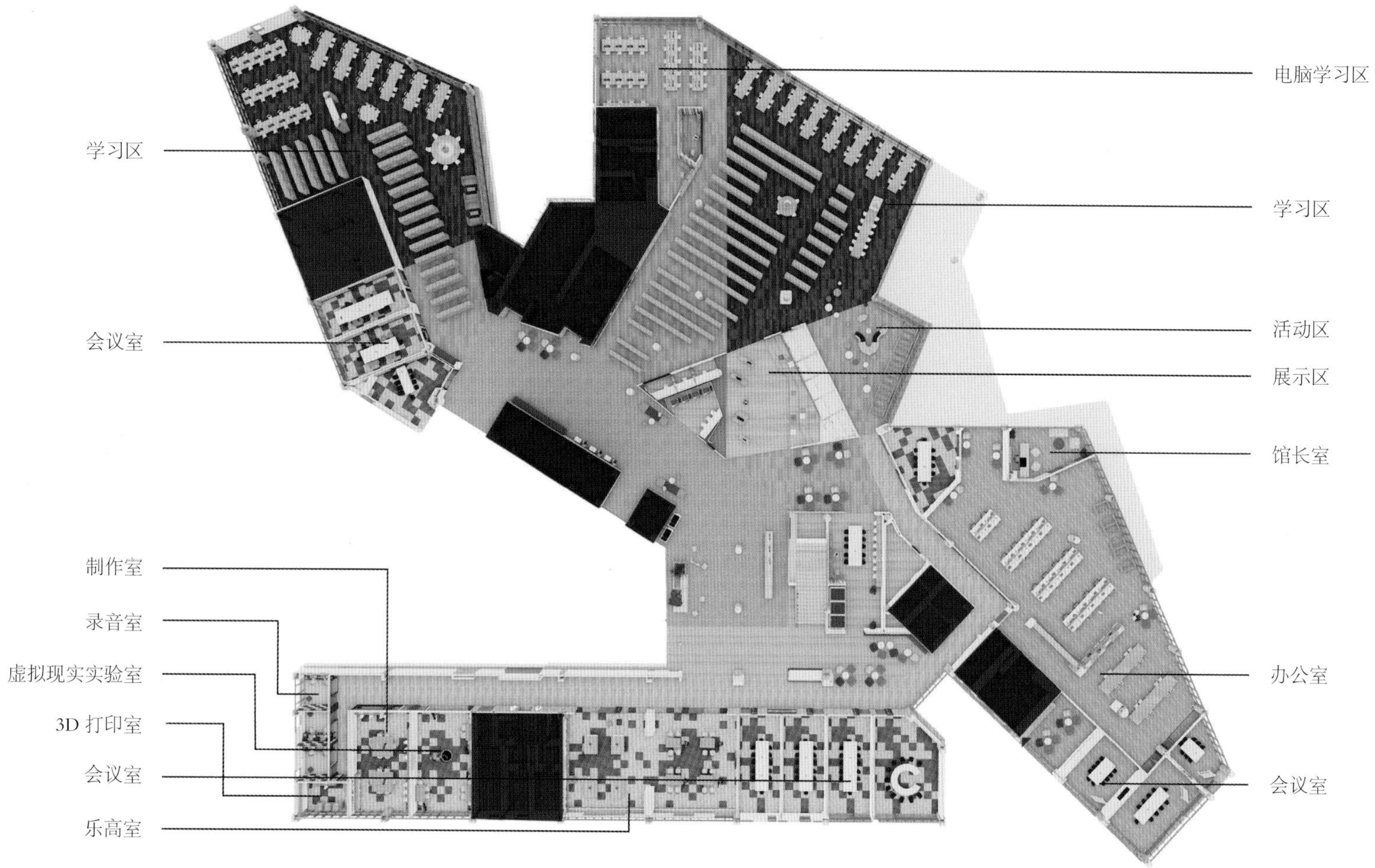

电脑学习区
学习区
学习区
活动区
展示区
会议室
馆长室
制作室
录音室
虚拟现实实验室
3D 打印室
会议室
乐高室
办公室
会议室

二层平面布局：功能分析

A 接待台
B 自主借还书台
C 短暂站立使用电脑
D 自助查询电脑
E 信息屏
F 打印间

二层平面布局：公共设施

主要人流动线
次要人流动线
对外人流动线
2F
1F

二层平面布局：流线分析

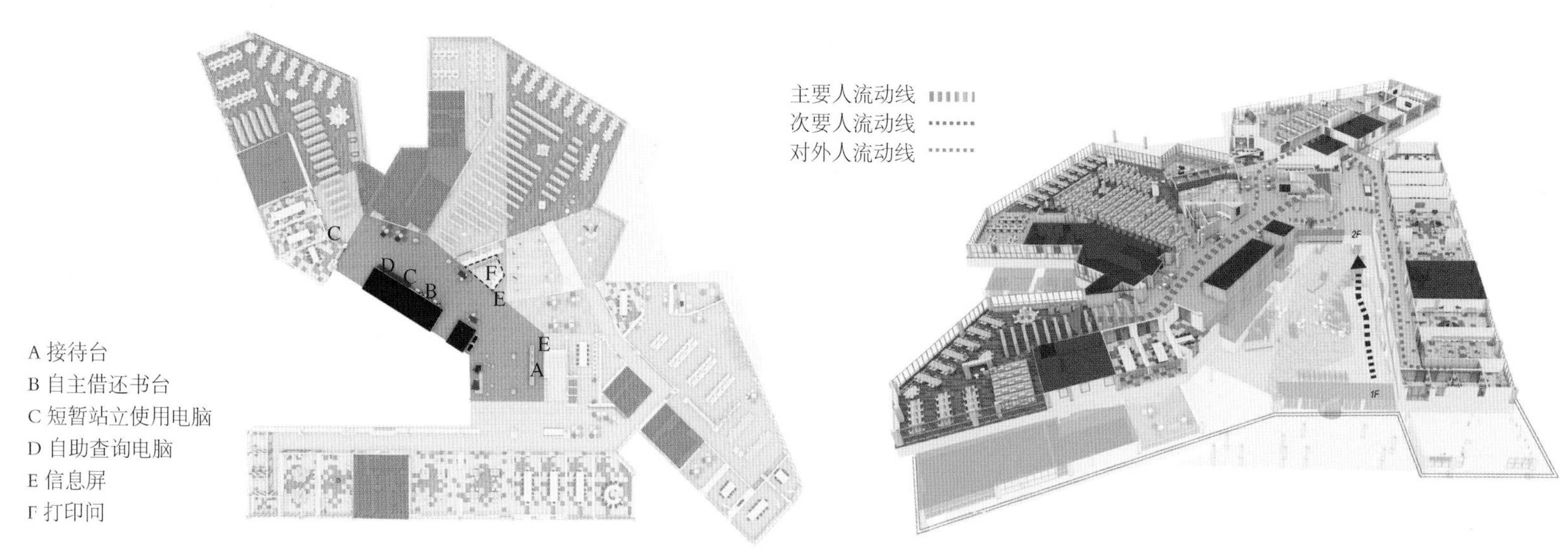

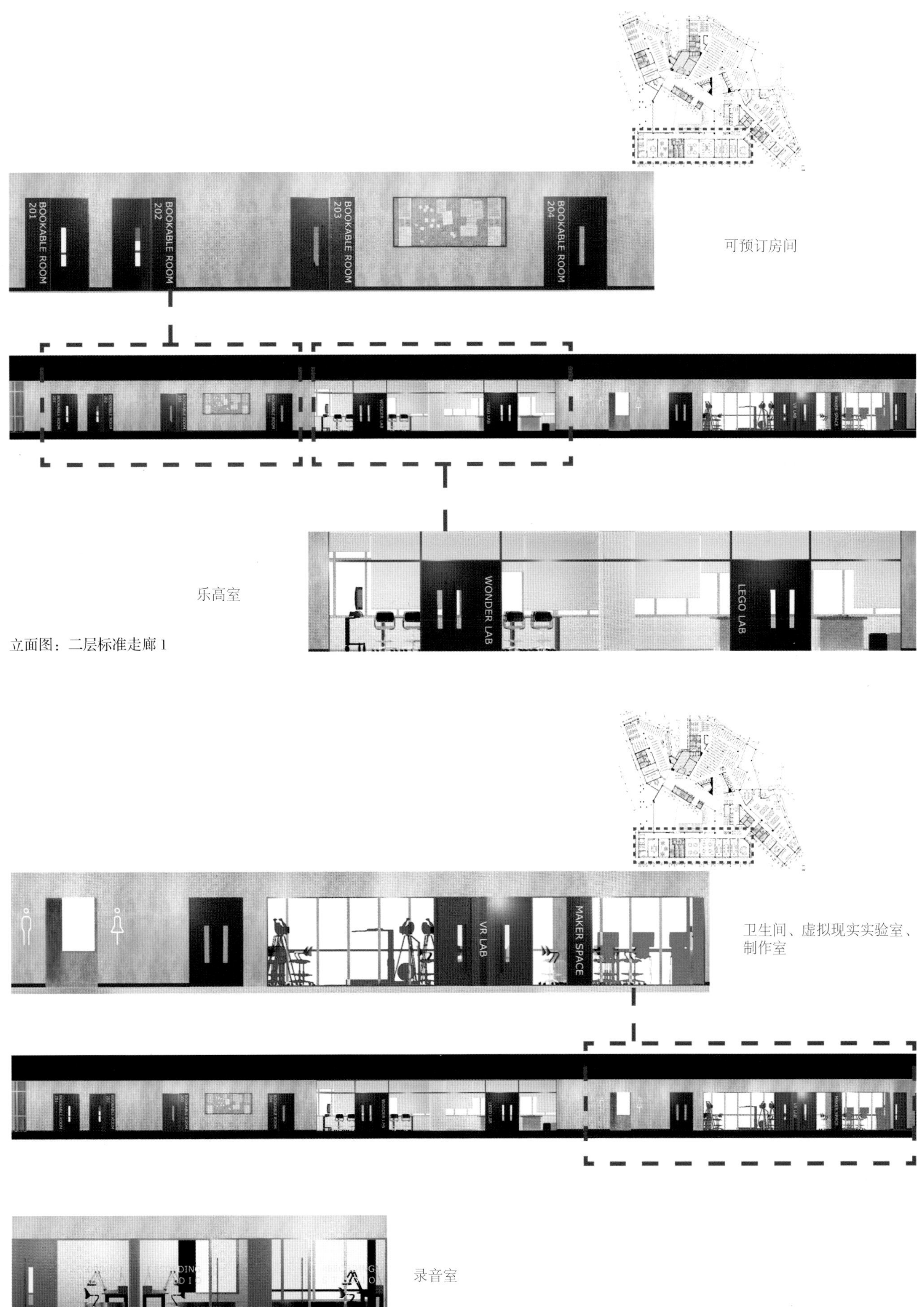

立面图：二层标准走廊 1

立面图：二层标准走廊 2

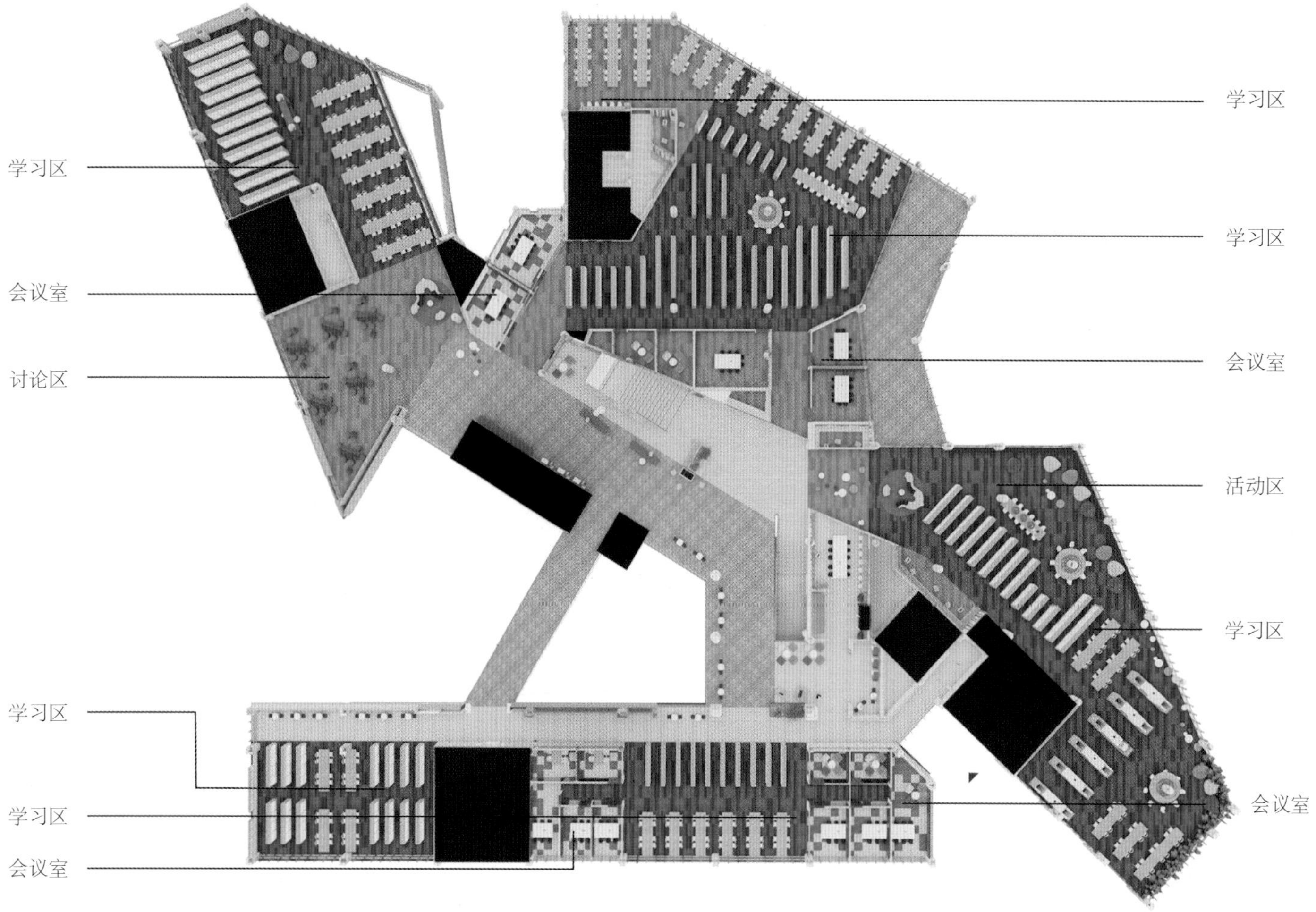

学习区
学习区
学习区
会议室
会议室
讨论区
活动区
学习区
学习区
学习区
会议室
会议室

三层平面布局：功能分析

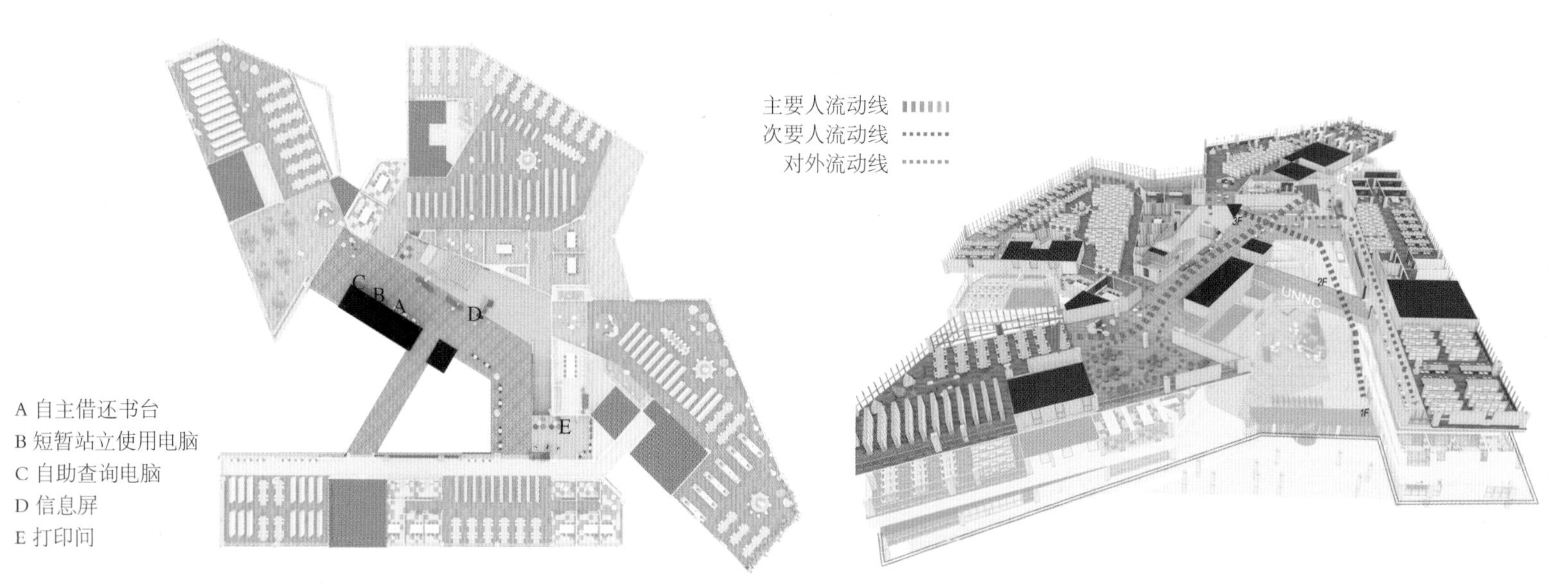

三层平面布局：公共设施

二层平面布局：流线分析

装饰效果——自然和谐

在材料选择上，设计师尽量选择低能耗材料，以降低建筑对生态环境的影响。整体室内设计采用偏向自然的木纹板材和仿清水混凝土涂料。通透的内饰立面为学习空间带来了开阔的视野。绿色景观也是一大亮点，图书馆的室内配置了大量的植物及人文景观，除了满足装饰效果外，更能够营造出一个生态、有机的和谐空间。

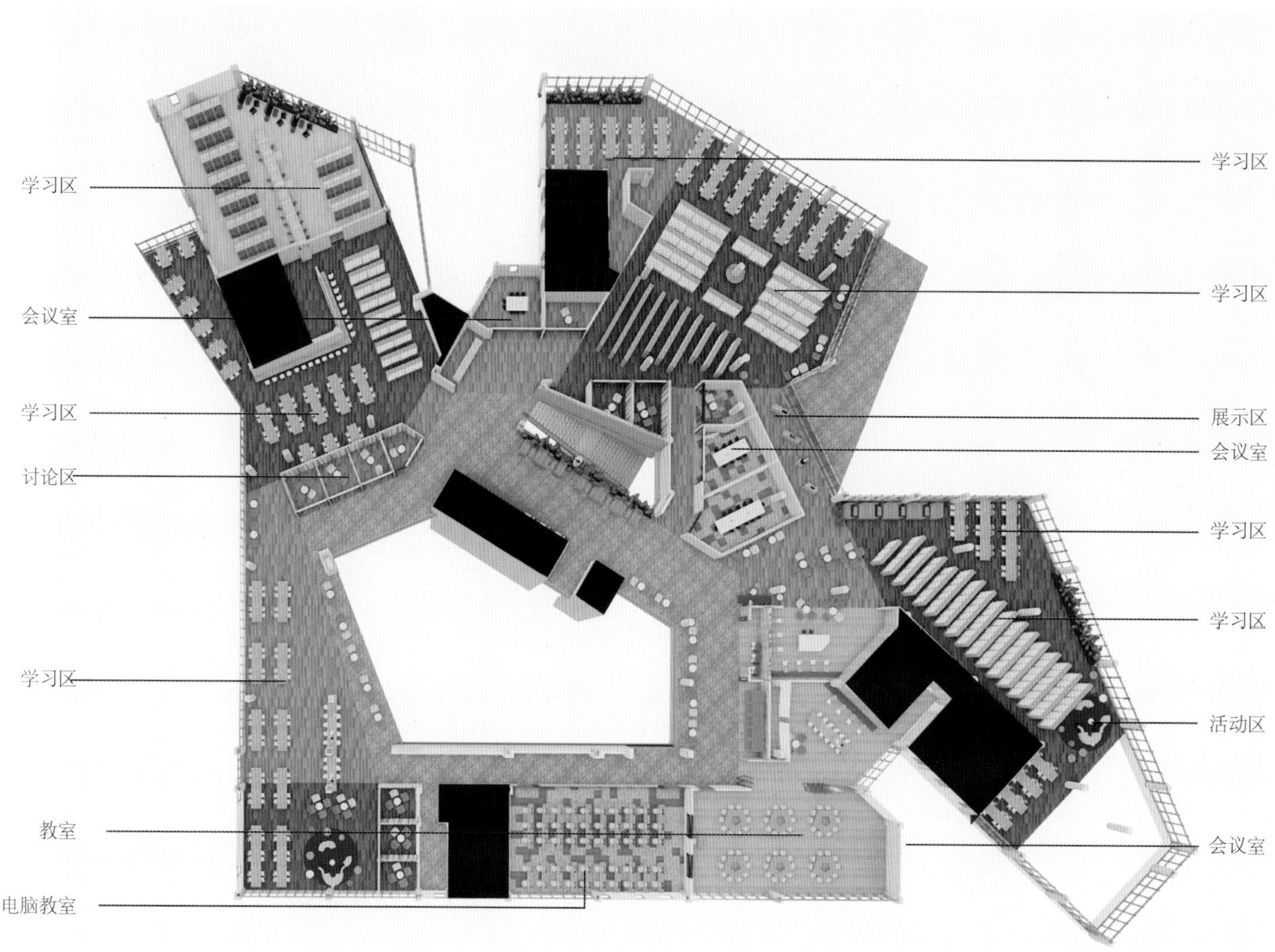

学习区
会议室
学习区
讨论区
学习区
教室
电脑教室
学习区
学习区
展示区
会议室
学习区
学习区
活动区
会议室

四层平面布局：功能分析

A
D
C
B
E
A 接待台
B 自主借还书台
C 短暂站立使用电脑
D 自助查询电脑
E 打印间

四层平面布局：公共设施

主要人流动线
次要人流动线
对外流动线

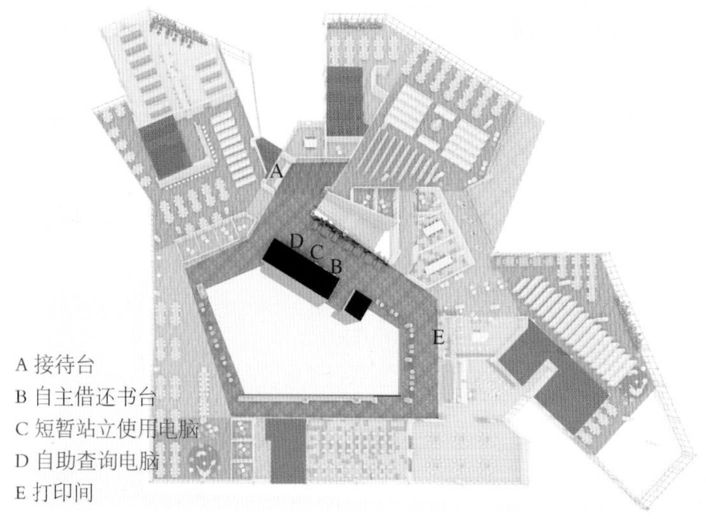

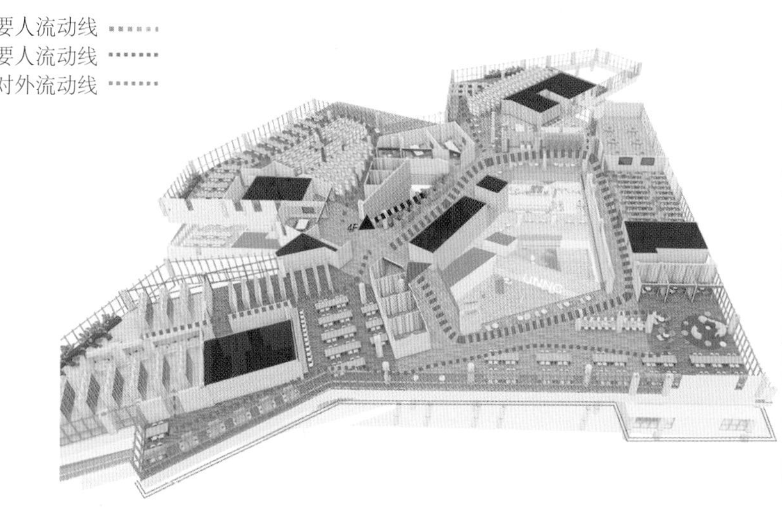

四层平面布局：流线分析

CATALOGUE PC
29

朝彻书屋

寓意人生修行的象征主义场所

设计单位： Wutopia Lab
主创设计： 俞挺
设计团队： 郭宇辰、杨思齐、詹孛迪
项目地点： 广东，广州
项目面积： 2200 平方米
完成时间： 2020 年
项目摄影： 清筑影像（CreatAR Images）

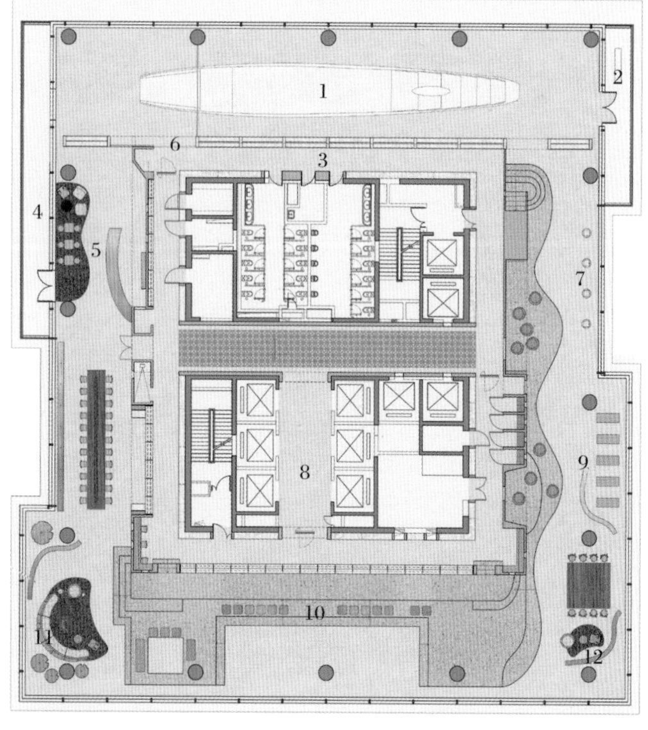

十八层平面图
1 好物港
2 东露台
3 好物廊
4 西露台
5 咖啡区
6 入口
7 杂志阅读区
8 电梯厅
9 好物港休闲区
10 好物剧场
11 西阅读角
12 东阅读角

朝彻书屋是唯品会总部的图书馆。“朝彻”一词出自《庄子·人宗师》，是道家修炼的一层境界，意为突然间悟达妙道。设计师先创造了一个好物，把图书馆变成精巧复杂的“人世间”——一个抽象的港口城市，然后进一步引导读者通过阅读及体验悟达妙道外物，最后能做逍遥游。朝彻书屋其实就是个寓意人生修行的象征主义场所。

▼ 拓展阅读

人世间

要通过一条隧道才能到达这个“城市”。这是位于唯品会总部大楼十八层和十九层的城市。城内是善本室、琴室、会议室、沙龙空间、好物廊。所谓沙龙空间，是一个为孩子们塑造的空间，孩子们可以在上面嬉闹攀爬，尽情用自己的方式探索这里，孩子们的沙龙空间也就是这个城市的后花园。唯品会总部的十九层空间是这个城市的内城。内城的重要去处是填满了唯品会精选好物的画廊——好物廊。在好物廊的尽头，圆形窗洞似乎在暗示人们可以看到一个未来的新广州的缩影。

城外则是大厅、咖啡区、杂志阅览区以及好物剧场。南向的好物剧场呈阶梯状迎向阳光，视野开阔而明亮，四下通透。通过好物廊来到好物港的港口大门前，你可以在一个内凹的空间里稍作休息。连续的书架构成了好物港的内外城墙。

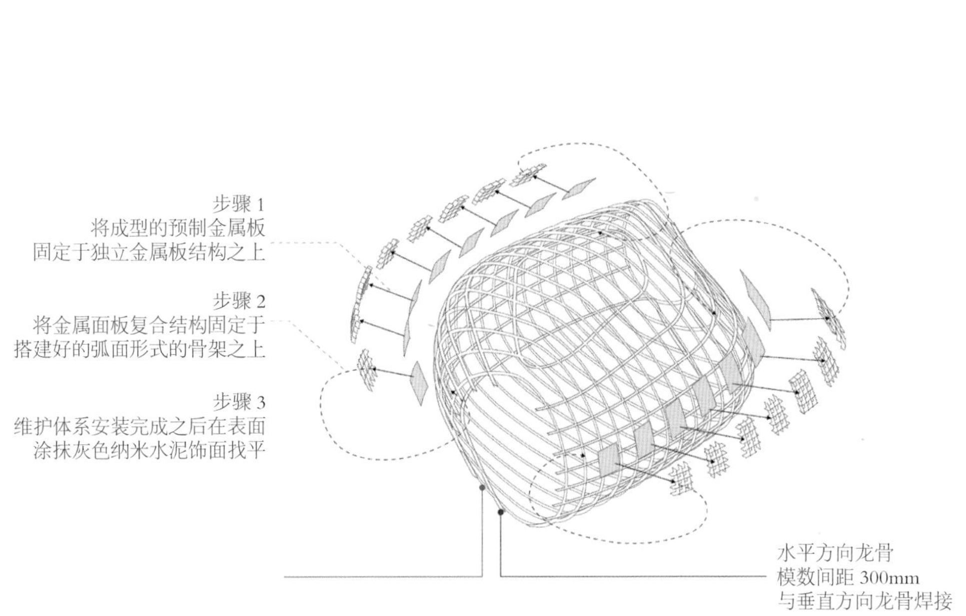

洞穴空间结构

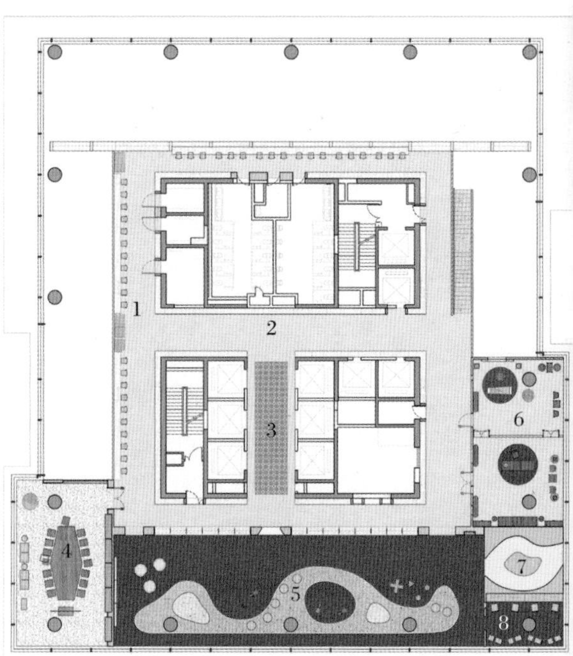

十九层平面图

1 长书桌阅读区
2 藏书回廊
3 画廊
4 克拉克厅
5 沙龙 / 儿童区
6 琴房
7 书洞
8 影音室

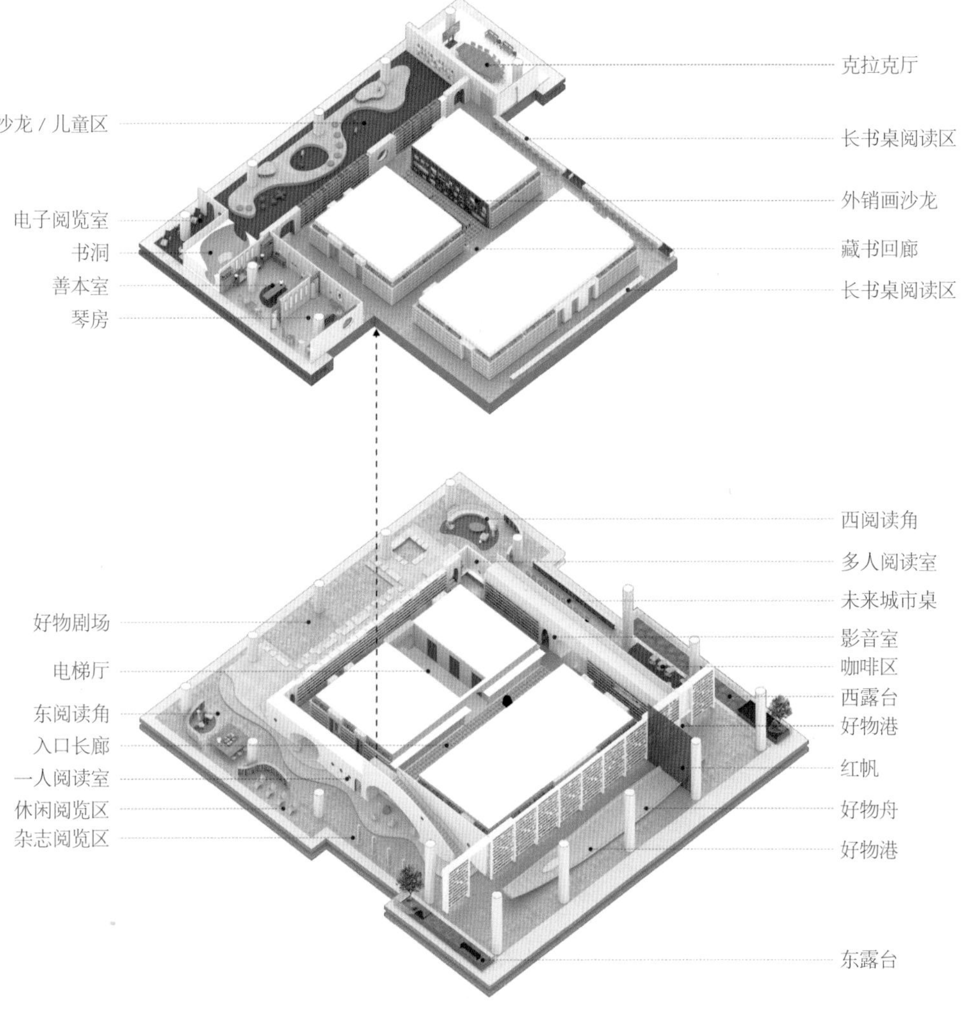

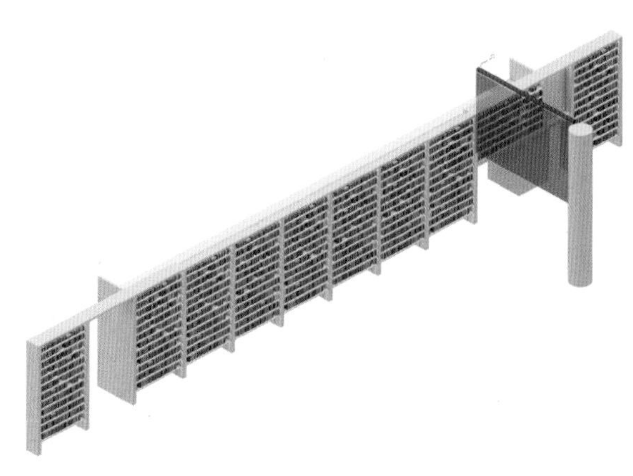

轴测图

逍遥游

设计师剥离了不必要的颜色、材料，将整个图书馆统一在连续不断的灰白色和石材质感中。好物港不是一个封闭的城市。它的城墙上有许多洞，光线可以从不同角度倾泻到城里。而城外的风光和甚至更远的广州的风景也随着光线倾泻到城内。

好物港内城的尽头，是一个天地浑然一体的蛋形洞穴间——小蓬仙馆。特别设计的光装置将整个空间渲染得失去了时间与空间感受，没有上下，也没有前后。人会呆呆地站在这里，适应后，当光线从洞口照进来，或许也可以与天地精神往来。

在好物港，停靠着一艘白色的航船——好物舟。慢慢走到船头然后站着，珠江就在脚下千年一日般静静地流过，右侧的旧广州十三行立面缓缓落下遮盖了书架，与此相对的是从左侧看出去，远处就是壮观的城市天际线。

好物港
VIPSHOP
VIP HARBOUR

马尾船政书局

以当代语境传承百年船政记忆

设计单位：万境设计（WJ STUDIO）
主创设计：胡之乐
设计团队：徐业友、苏白雪、张永慧
灯光设计：方方、易宗辉
软装设计：深圳市布鲁盟室内设计有限公司
项目地点：福建，福州
项目面积：1200 平方米
完成时间：2021 年
项目摄影：田方方、张锡

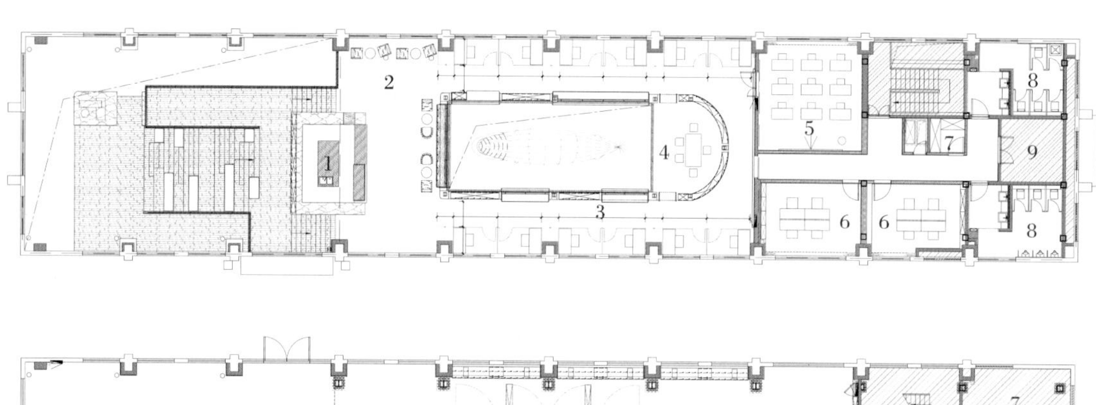

夹层平面布置图
1 咖啡吧
2 阅览区
3 直播区
4 茶室
5 学术交流区
6 办公室
7 储物间
8 卫生间
9 排烟机房

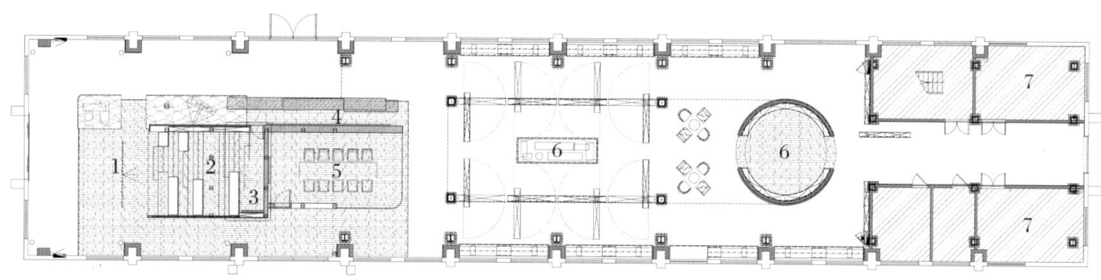

一层平面布置图
1 展览区
2 大台阶
3 储物间
4 前台区
5 会议室
6 图书 / 阅览区
7 空调机房

1866 年，左宗棠创办了中国近代第一所海军学校——马尾船政学堂，福州市马尾区因此成了近代中国海军的摇篮，船政文化由此萌生。而如今，位于船政学堂旧址的船政书局以“船舱和书局”呼应百余年前的“造船与造才”。作为该区域文化精神的聚合点，它汇集了船政文化的宣传、教育及学术研究等多种功能。

设计以“船”为元素，将整个书局想象为一艘在文化浪潮中航行的方舟。借由传统船舶的空间布局，书局中形成了多元而丰富的空间组合。船首、船舱、船尾，都被抽象化为不同的室内空间，而开放的甲板、半开放的舱室等象征性的船舶空间，也以现代化的方式，在这艘方舟上被重新演绎。

▼拓展阅读

浪潮与甲板

更新改造后的书局，由原来的一层空间变为带夹层的两层空间，通过方舟船首的巨大台阶相连。首层作为阅读与展示的区域，以书为主，似是文化浪潮，引人进入知识的海洋。二层则作为休闲与活动的区域，被设计为甲板，邀人登上船首，继而可以在一个开放性的空间中停留与思考。而两层之间的大台阶，不仅成了连通上下的通道，也将船首变为一处阶梯状的活动空间，丰富了室内的使用功能。

精神的船舱

方舟中部的中庭，是整个书局的核心。设计以船舱为喻，将它打造为一处让人沉浸其中的精神空间。中庭之下，可移动的书架提供了灵活的空间布局，构建了一个满足阅读、展示等多种使用场景的复合型图书室。而中庭之上，巨大的船舶骨架高悬，回溯着船政的历史。顶面的黑色镜面像水面一般，将一切倒映其中，仿佛时空在此映射，时间在此沉淀。

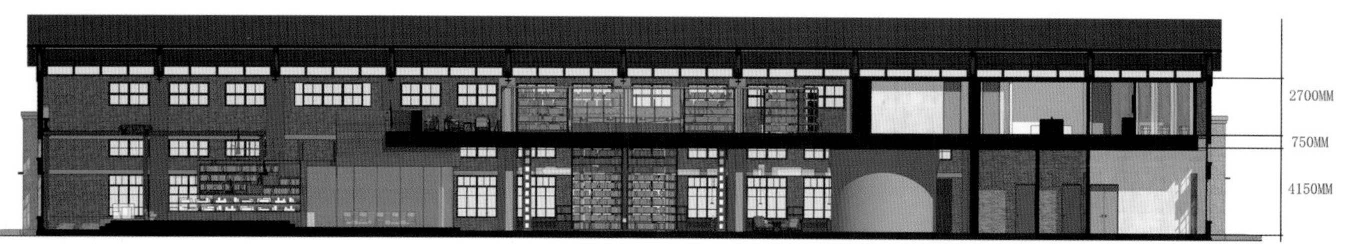

剖面图

阅读的船室

方舟的船尾还呈现了另一种形态的舱室。这个圆形的阅览区，呼应着船舶中较为封闭的船室，因而被设计为书局中更加安静、独立的一处阅读空间。

船舶的零件

除了对船舶抽象的空间表达外，设计还将造船的零件作为装饰元素，为许多细节赋予了船的意象。船舶上的栏杆、钢梯以及货箱，都以现代化的手法被重现。新的设计语言、新的材料与旧的空间、旧的形制，在对比中融为一体。

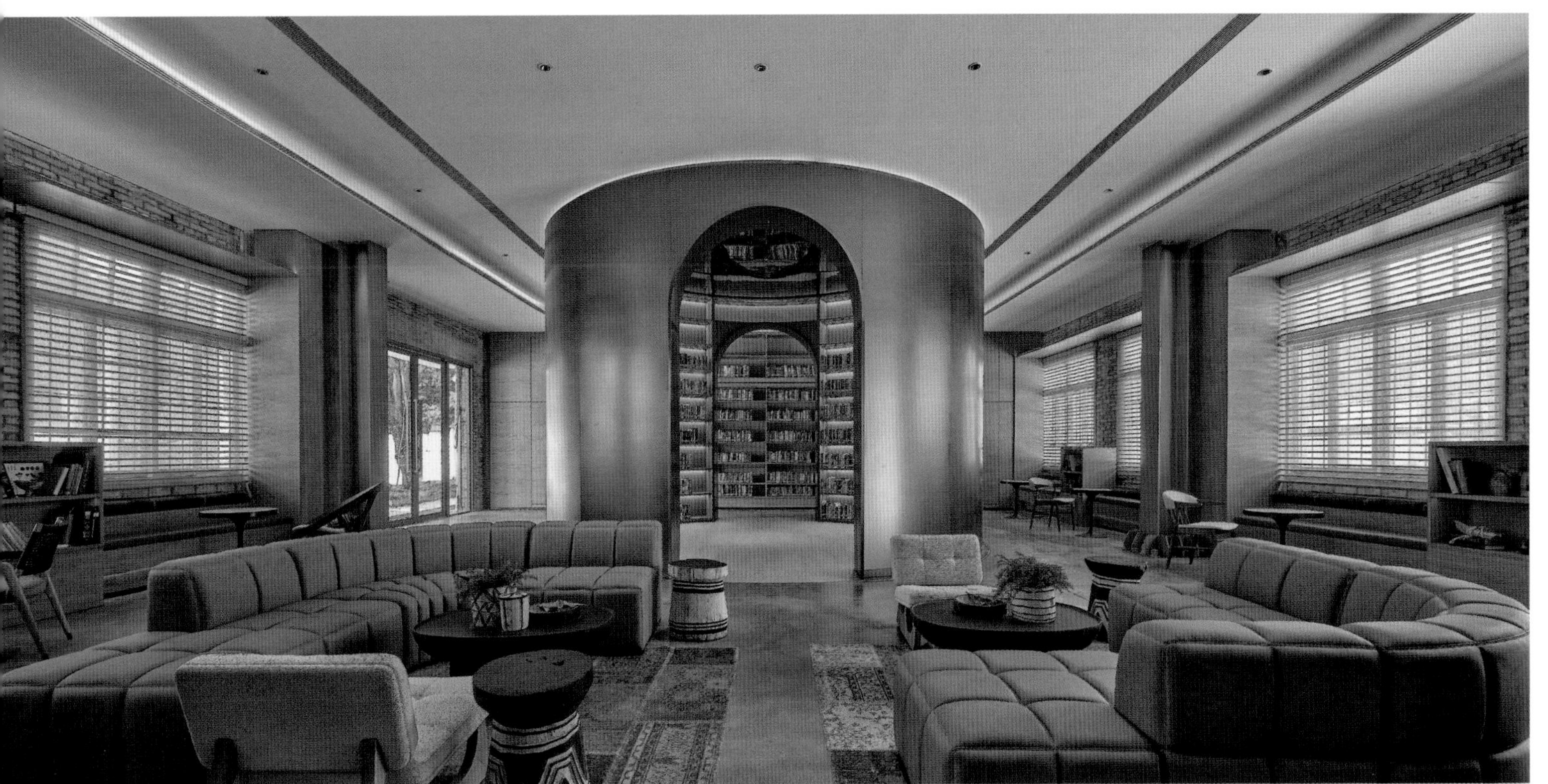

SDL 幼儿园

多情景教育场景促进儿童多方面发展

设计单位： HIBINOSEKKEI+Youji no Shiro+KIDS DESIGN LABO
项目地点： 广东，广州
项目面积： 1300 平方米
完成时间： 2020 年
项目摄影： 曾毅

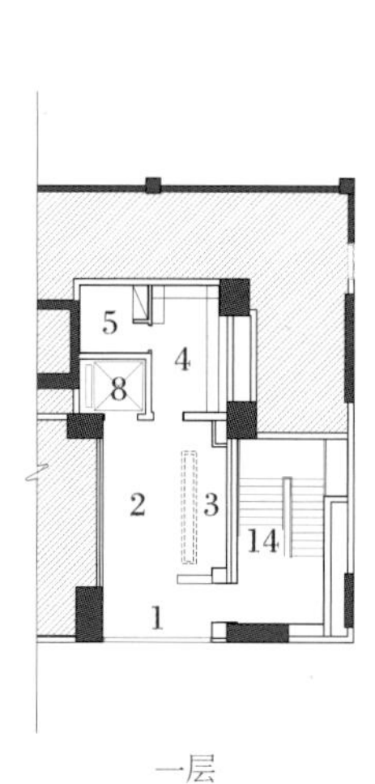

一层

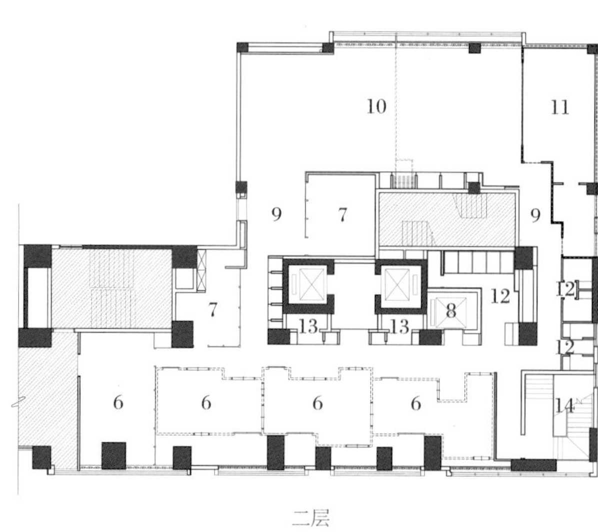

二层

一、二层平面图
1 入口
2 大厅
3 接待台
4 换鞋区
5 保健室
6 保育室
7 办公室
8 电梯
9 走廊
10 舞蹈室
11 厨房
12 卫生间
13 收纳室
14 楼梯

项目位于广州市市中心的一栋大厦里，是以 0~6 岁儿童为托育对象的室内改造项目。建在高楼大厦里的幼儿园，往往条件有限，空间较为狭小、压抑，很难形成能够刺激儿童感官发育的丰富环境。设计师抱着解决这个难题的态度，希望打造一个能让儿童在日常生活中亲近自然、自主游戏、实现多方面交流的城市幼儿园。

▼ 拓展阅读

矮墙及玻璃隔断降低空间的压迫感

首先，设计师十分注重室内的开放性，最具特征的便是用低矮的间隔墙和玻璃隔断来分割空间，降低空间的压迫感，使得狭小的空间也能具有开阔的效果。矮墙不但方便老师观察幼儿活动，而且通过凹凸、弯折形成多个秘密小空间，让孩子们拥有可以沉浸于自己的游戏世界的地方，促进他们想象力的发展。此外，设计师在教室之间的墙体刻意挖出了窗口，促进孩子们互相观察与学习，产生更多的交流。

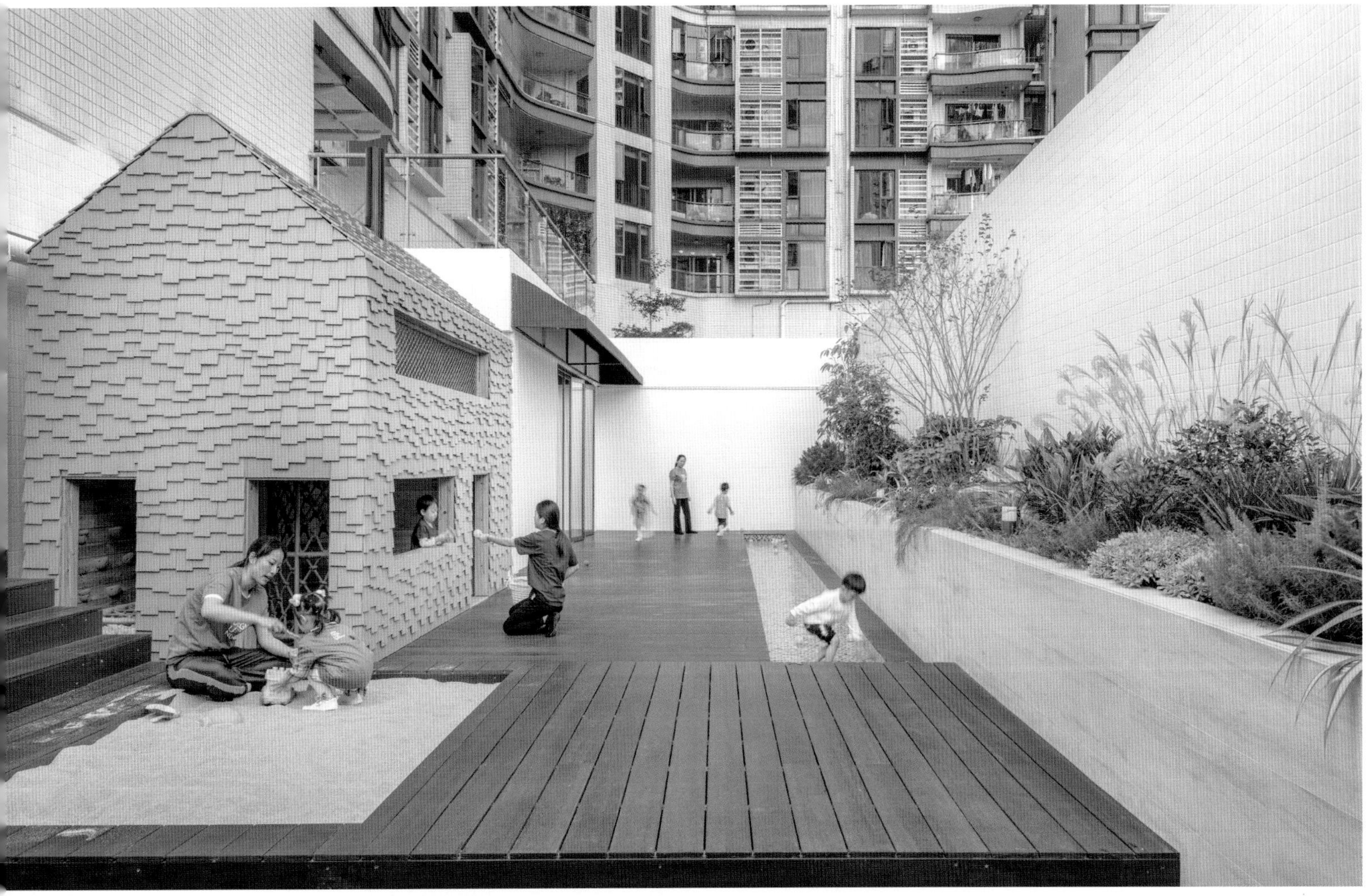

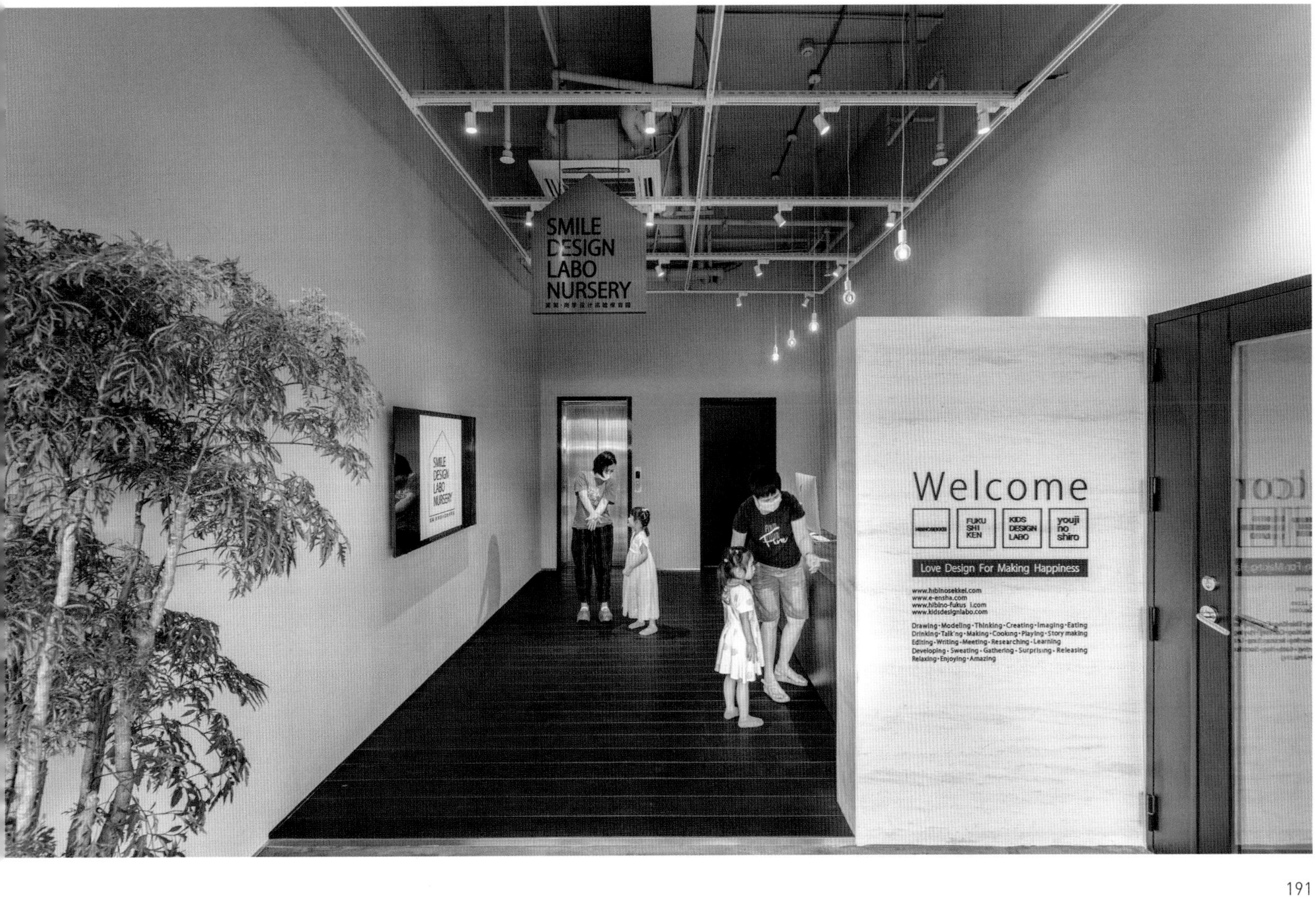
SMILE
DESIGN
LABO
NURSERY
Welcome
FUKU SHI KEN
KIDS DESIGN LABO
youji no shiro
Love Design For Making Happiness
www.hibinosekkei.com
www.e-ensha.com
www.kidsdesignlabo.com
Drawing · Modeling · Thinking · Creating · Imaging · Eating
Drinking · Talking · Making · Cooking · Playing · Story making
Editing · Writing · Meeting · Researching · Learning
Developing · Sweating · Gathering · Surprising · Releasing
Relaxing · Enjoying · Amazing

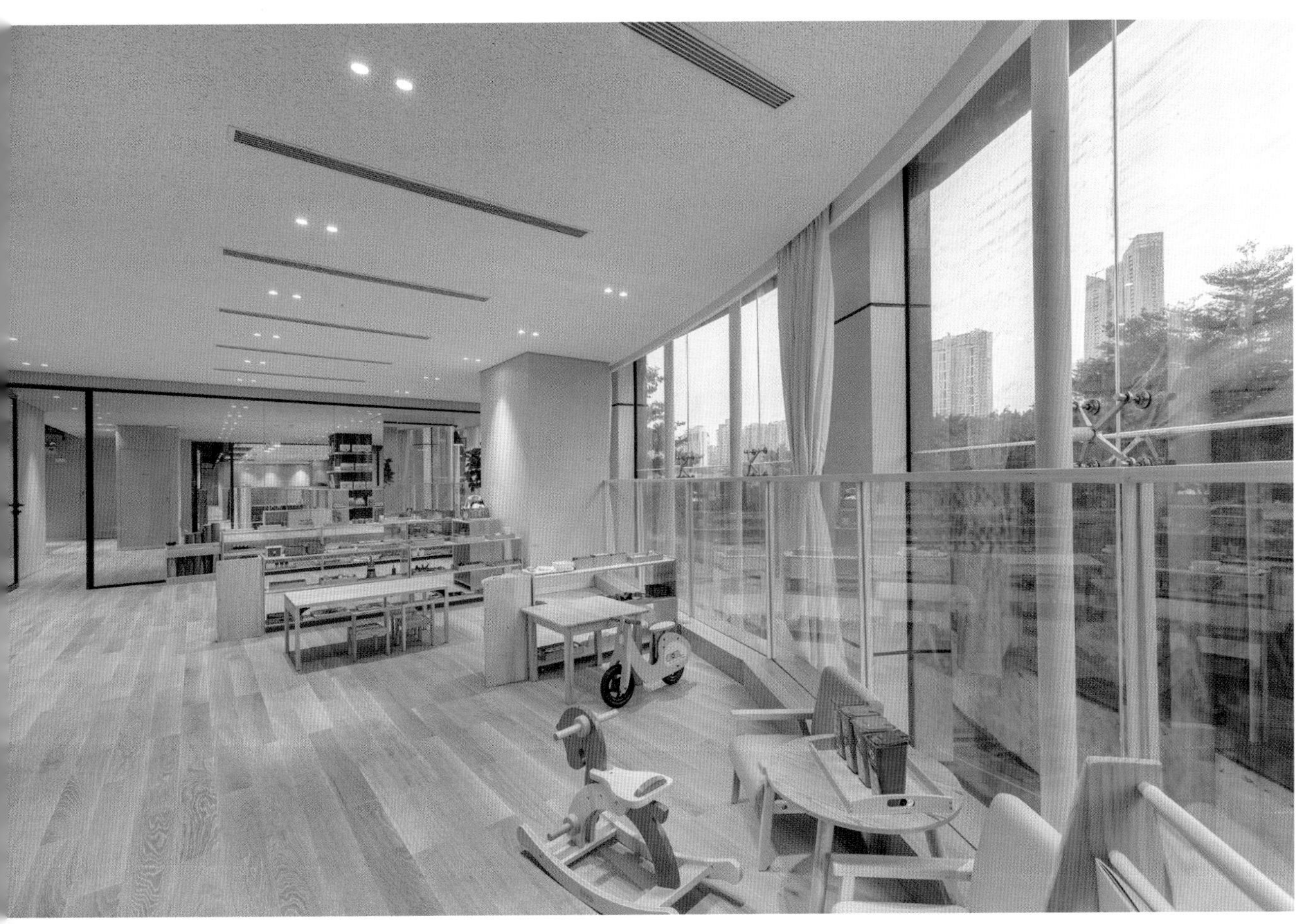

阶梯空间搭建趣味游戏场所

建在大楼里的幼儿园大多选择平整的地面来确保活动面积，但这样会让孩子缺失“登高”“降落”等的日常动作。SDL 幼儿园不限定于某个角落而分散地在幼儿园各处设置台阶，满足孩子们对多种游戏和上下运动的需求。这些台阶还是深受孩子们喜爱的小椅子。生活在这样的环境里，孩子们身体的平衡力可以得到自然的锻炼和发育。

自然的环境促进感官功能的发展

幼儿园内部摆放着各种植物，而半户外阳台是孩子们感受和学习自然，感受阳光、微风、水、绿植的场所。阳台上特意设置了水池、沙池、游戏小屋（内含攀爬网、攀岩墙、小台阶）等设施，促进儿童的运动能力、五感功能及创造力的发展。连接阳台与室内的多功能水吧不仅仅属于孩子们，也可作为老师的会议室、休息区或者社区教育交流的场所。

设计师在幼儿园的平面布局上没有做复杂的分区，而是尽可能地保证了洄游型活动流线，而矮墙能够在有限的面积里实现灵活、安全、舒适、开放的空间使用。设计师和幼儿园的老师们都期待孩子们在幼儿园里产生更多的交流，创造出更多、更丰富的游戏方式。

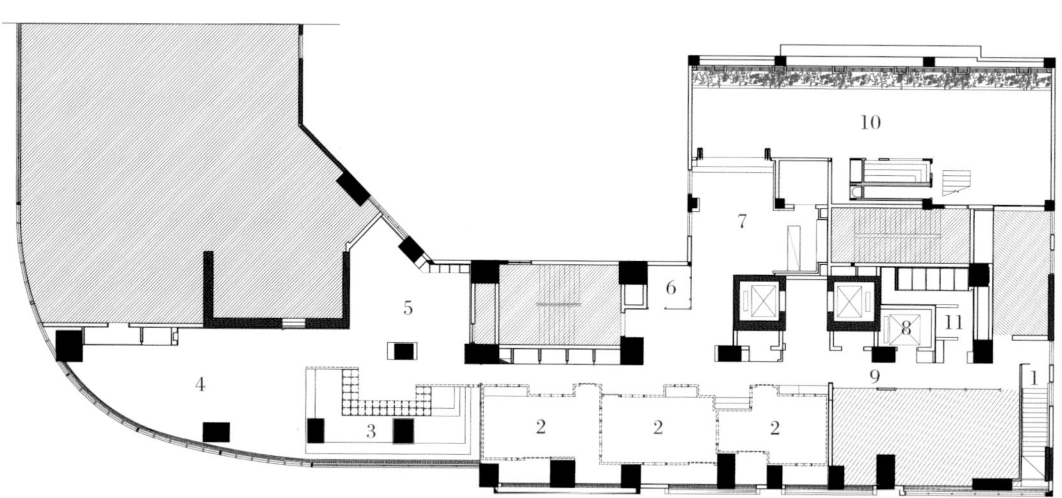

三层平面图

1 楼梯入口
2 保育室
3 图书角
4 蒙特梭利课室
5 美工室
6 茶室
7 水吧
8 电梯
9 走廊
10 室外活动区
11 卫生间

阅时光

共享共生的城市阅读空间

设计单位： 广州共生形态工程设计有限公司
主创设计： 彭征
设计团队： 练远朝、梁景山、朱国光、李永华
项目地点： 江苏，海门
项目面积： 1073 平方米
完成时间： 2020 年
项目摄影： 广州共生形态工程设计有限公司
主要用材： 水磨石、木地板、木饰面、耐候钢

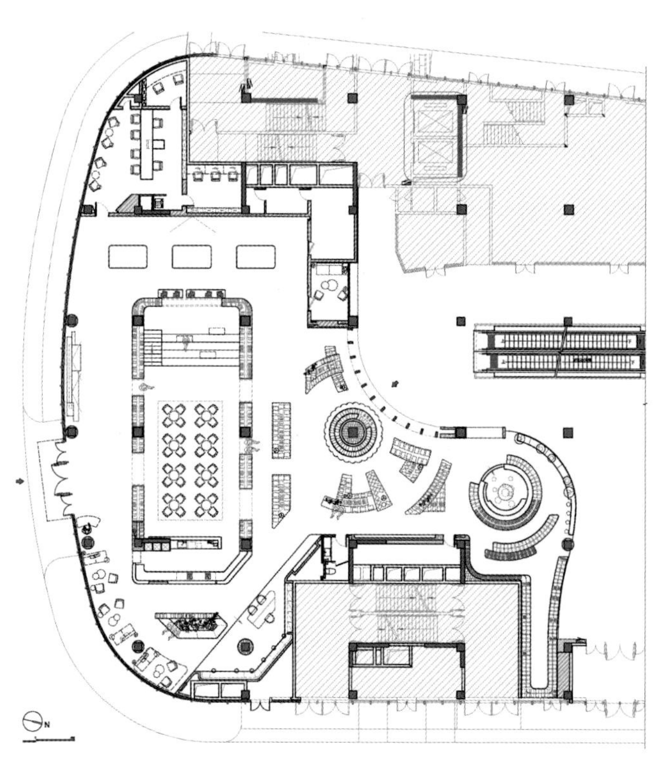

平面图

项目原本定位为“城市展厅”，位于老中南城的一楼，除了作为中南置地在这座城市的门户，还是其未来与访客对话的第一个交界面。业主希望通过对公共空间的打造，为人们带来美好的服务体验。基于中南城儿童及青少年教育的改造运营定位，展厅以“阅时光”为名，设定为公益性、全民性的城市阅读中心，联合大众书局，共同构建融合实体书店、美学生活、文艺沙龙等于一体的城市阅读空间。

▼ 拓展阅读

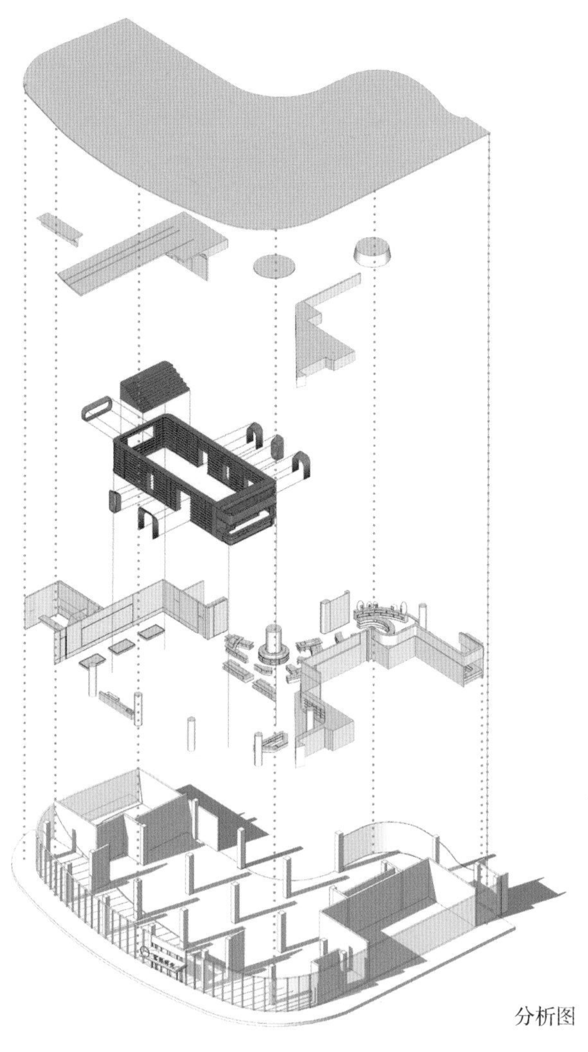

分析图

“共享共生”的设计理念

对公共空间而言，空间的参与者、使用者就是空间的营造者——当一个空间的设计完成之后，使用者在空间里发生了行为、感受、体验，才真正完成和丰富了这个设计本身。空间中功能性与社交性的划分，能够拓展空间中行为活动发生的可能性。基于这样的理念，本案从“共享共生”的理念出发，围绕体验和行为开始设计。

内部规划及动线设计

结合建筑弧形流动的线条，以及商场内部和建筑外部双引流入口，空间在视觉造型上形成了顺着弧线而流动的基底，兼顾以“书”为核心的消费动线以及以购房为核心的体验动线，形成功能分区，两者之间彼此交互、导流。两条动线的交界之处，亦是空间线条的交会处，位于整个空间的核心，此处设定为多功能空间，以书墙围合，设置层层的阶梯，既实现了空间的完整性，又保证了空间之间的交互。而在阅读区，隔绝其他业态与动线的影响，让阅读行为葆有纯粹的享受。

内侧入口规划为创意产品区，通过一些有趣的文创类产品，导流商场客户，外侧的入口则设置为轻食区，吸引外部人群停驻，通过空间的动线和分区的巧妙设计，多元业态及内容在此相互咬合。视觉主调以大地之色串联起不同的空间，以温和的木材作为主材，释放空间的包容性，通过融合不同的装饰性元素及细节，极大地丰富了空间的内容。

花地湾生活馆

设定主题 IP，打造地域文化符号

设计单位： 峻佳设计
主创设计： 陈峻佳、温民伟、苏婉华
设计团队： 吴志湖、何炯辉、彭钰杰、何榕芮、吴晓彤、曾子贤、李振堂、卢伟鸿
项目地点： 广东，广州
项目面积： 3466 平方米
完成时间： 2020 年
项目摄影： 覃昭量、Jimmy Ho、King Ou
主要用材： 木纹铝、铜色不锈钢、水磨石、原色不锈钢、木饰面

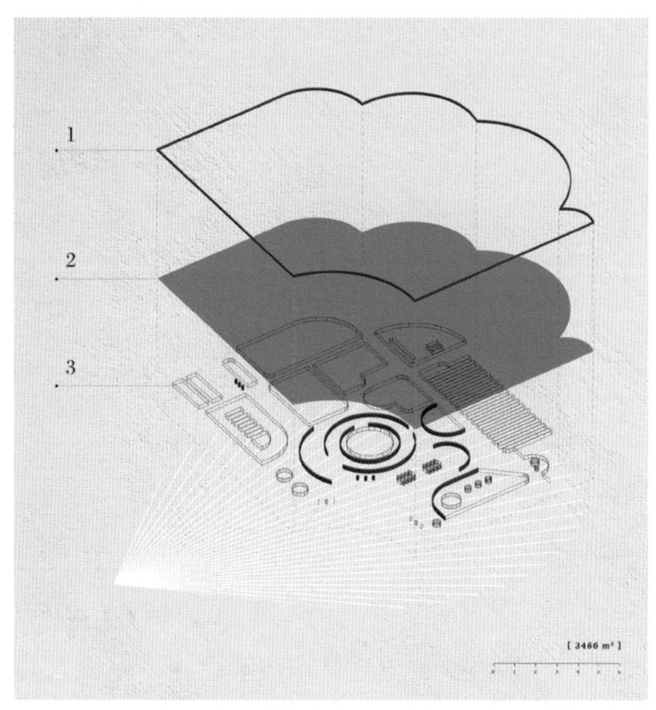

空间规划
1 结构
2 花瓣形状
3 分区

作为一代老广州人的共同记忆，花地湾是具有代表性的文化符号和地域名片。设计师希望在保留历史记忆的同时，挖掘场所的个性化符号，通过传播来进一步提升项目的知名度与商业价值，让其成为一个生活目的地。

从提炼地域文化符号的角度出发，设计师以“花”为主题形象，并进行设计衍生，表现城市的精彩绽放。“花”作为主题概念元素，被抽象演绎成空间的不同细节，形成贯穿整个空间设计的主题。

▼ 拓展阅读

以建筑手法重塑空间

设计师打破原本单调的空间框架，以建筑的手法，重塑原本单一的大平层空间。如同在日光的照射下，树叶显示出清晰的脉络，这些交错的线条是生命的印记。利用上万片精致的木格栅来打造城市的花朵。通过精细地排布，划分出不同形态的“花瓣”，最终围合成一朵盛开的巨型花朵。

核心接待区以一个巨型白色花瓣造型引领整个空间，其他如主题吊饰、造型墙等都成为花主题元素的不同演绎。阳光洒进来，产生美好的光和影，在空间与自然的合奏中，产生了奇妙的变幻。半开放的共享式空间布局，打造出令人充满探索欲的游逛空间。蓝色作为主题色点缀空间，穿插表现于不同场景中，如休闲区的弧形背景墙，“蓝色花瓣”上无数飞舞的蝴蝶，成为一处引人注目的亮点。“白色花瓣”演绎出独特的空间穹顶造型，叠加展示城市新生的多媒体数字内容，如同在历史肌理之上孕育出未来的生活景象。

全国首个大型社区生活盒子

设计师为项目策划打造了七大主题模块的体验场景，包括花艺、烘焙、图书、儿童、艺术影音区、VIP 室等。通过场景叠加主题艺术体验的方式，让富有情绪变化的空间游逛升级为一种对美好生活方式的体验。

设计以超前姿态传递生活理想，让美好触手可及。这座由不同主题空间构建的城市文化森林，是花地湾未来城市生活升级的超级封面，也是品牌打造的大型创新样本。

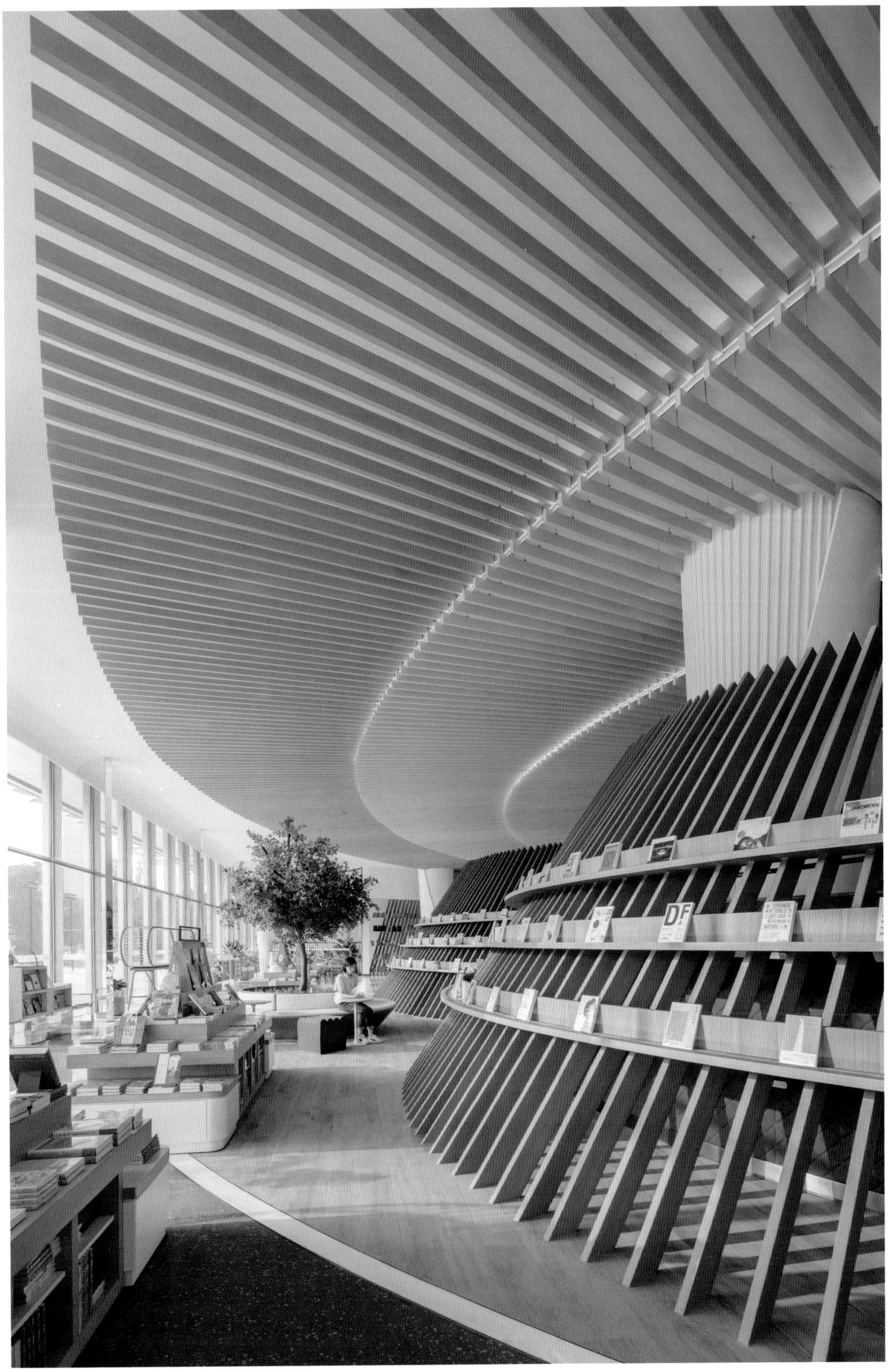

金生国际幼儿园

自然、温暖又不失庄严

设计单位：元新建城
设计主创：阮文韬、鲍静、刘振宇
设计团队主要成员：梁骁、左芷娜、常诗画、陈兆麟、朱以诺、龙欣妍、何贞臻等
建筑与结构设计：深圳市立方建筑设计顾问有限公司
项目地点：广东，深圳
项目面积：5000 平方米
完成时间：2020 年
项目摄影：存在建筑、曾天培、鲍静

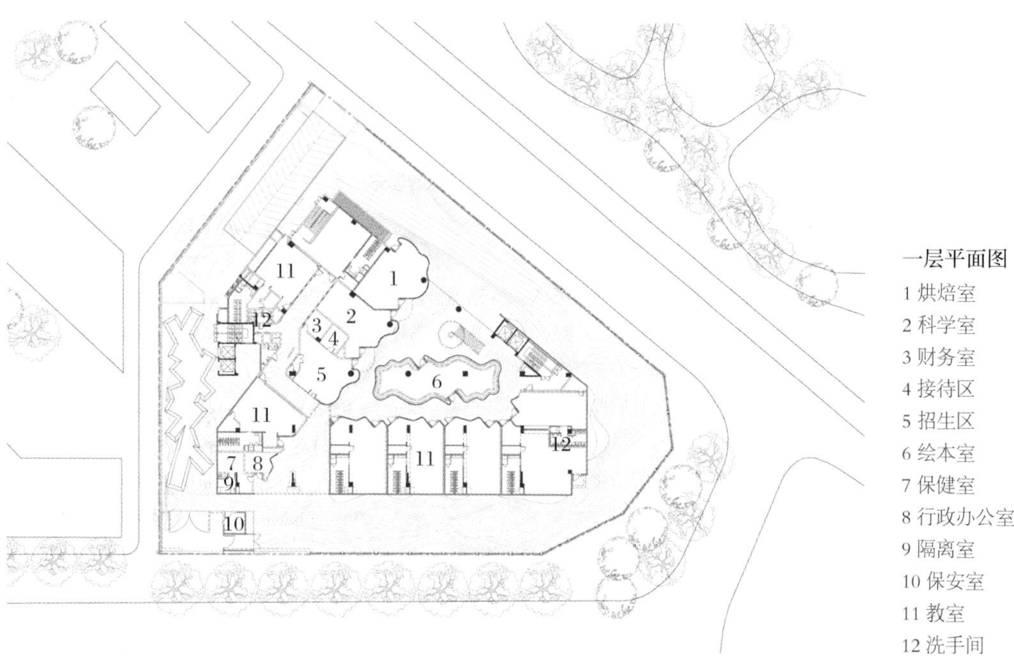

一层平面图
1 烘焙室
2 科学室
3 财务室
4 接待区
5 招生区
6 绘本室
7 保健室
8 行政办公室
9 隔离室
10 保安室
11 教室
12 洗手间

幼儿园是一个人最初加入一个社会集体，变成社会一员的地方。孩子们在这里开始学习如何与他人相处，学习纪律、礼仪，建立集体的意识，甚至开始真正认识自己。

设计师提出了“建筑与鱼缸”的思考。如果把建筑看作鱼缸，缸是有形的，人如鱼般生活于其中，重要的其实是水，而水是无形的。对建筑来说，这个水，事关常被忽略的触觉、听觉、嗅觉和味觉，事关人置身于一个空间的舒适感与愉悦感，事关真实的体验和情感，事关发生在其中的事件和形成的记忆。

▼拓展阅读

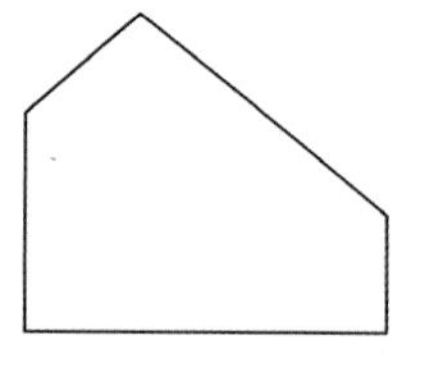

原建筑为半围合式的布局

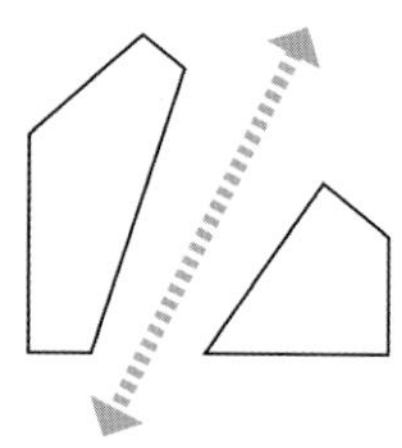

利用走廊引入外部的自然空间。走廊是衔接外部自然空间与内部生活空间的过渡地带

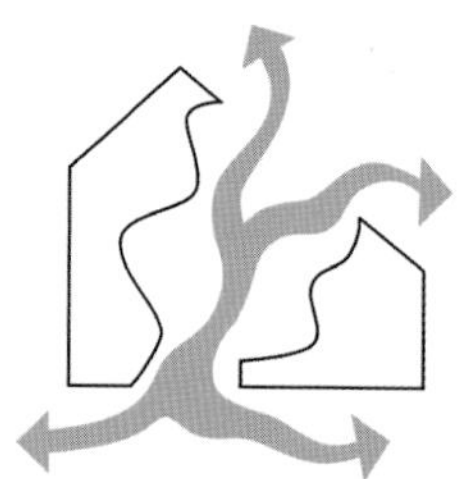

把室内与走廊相邻的墙体变为曲线或折线，变成有收有放、起承转合的序列空间

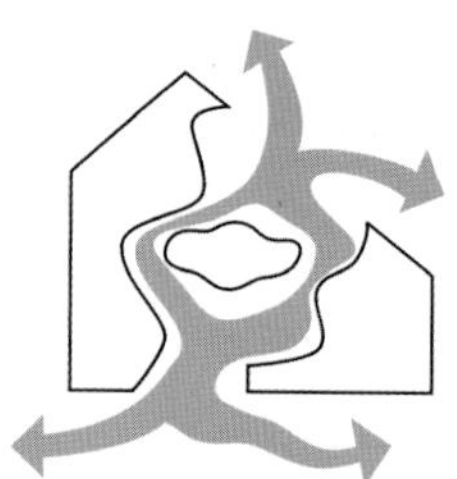

在走廊中央置入阅读馆，使得原本枯燥的走廊变成能够激发孩子们探索性及想象力的交往空间

概念分析图 1

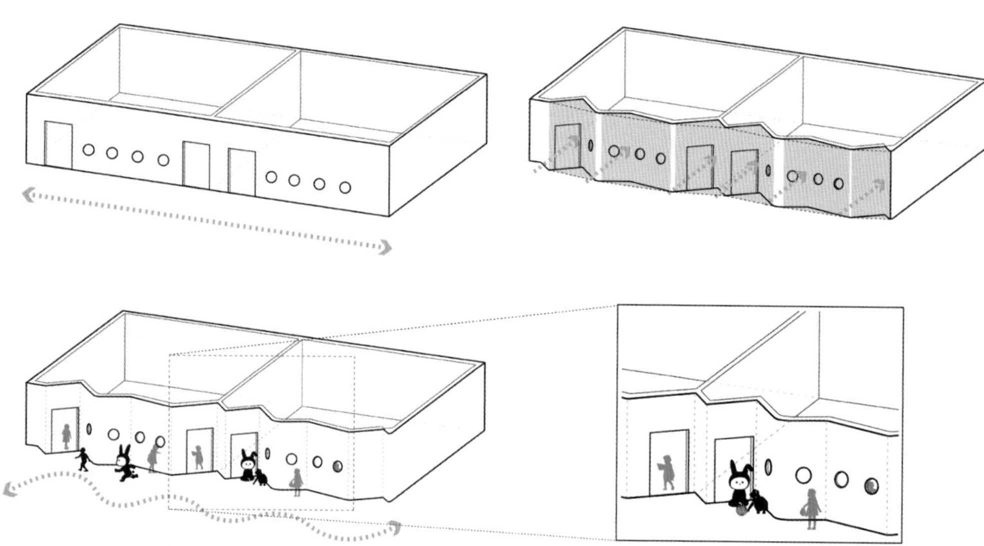

概念分析图 2

立面图

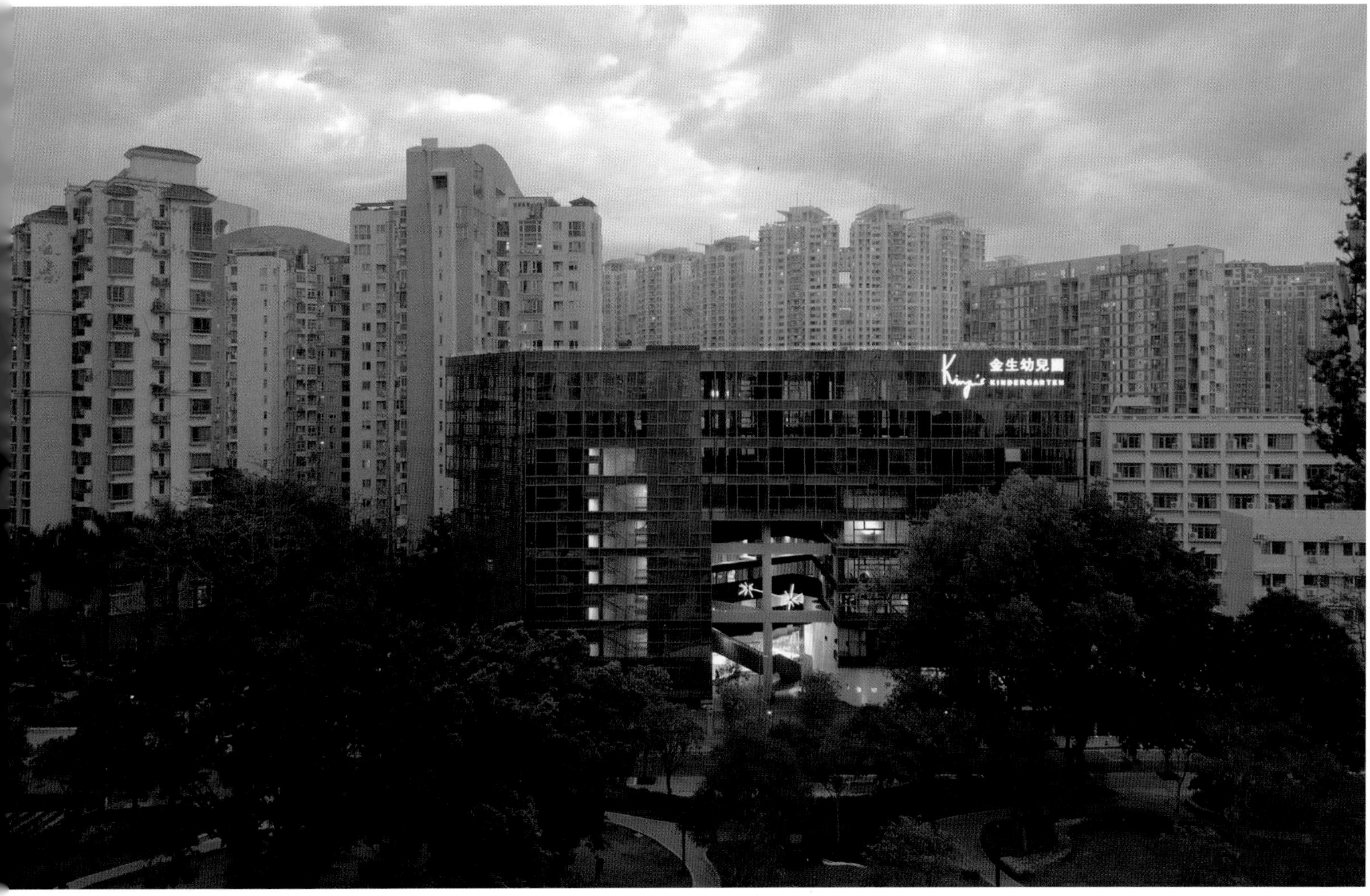

自然的空间

孩子们天生热爱自然。原本建筑半围合式的布局，友好地引入了幼儿园对面的公园景观以及充沛的阳光。整个项目空间的墙体和地面，主要采用木制材料，使这种自然的氛围得以延续到室内。设计师没有刻意地堆砌很多材料和色彩，而是以混凝土和木材的自然基调为底，用光影来营造一个有礼、有序的空间氛围。一个温暖又不失庄严的学校环境，可以让孩子们的心沉静下来，并且对周围的人和事自然地生出一种尊重与敬畏。

探索的趣味

走廊，是衔接外部自然空间与内部生活空间的过渡地带，也是孩子们日常会追逐嬉闹的地方。设计师把室内与走廊相邻的墙体变为曲线或折线，使原本单调的直线交通空间变成有收有放、起承转合的序列空间，使原本平淡无奇的走廊变成能够激发孩子们探索欲及想象力的可逗留的交往、游戏空间。

是幼儿园，也是游乐场

幼儿园，除了需要给孩子们提供严谨有序的教育空间外，还不可忽视他们爱玩的天性。项目用地并不宽裕，所以在首层的处理上，设计师模糊了室内外的边界，让走廊与户外活动场地融为一体，孩子们穿行于其中，就像在逛一个场景不停变换的游乐场。这里几乎容纳了所有他们最热爱的游乐设施：滑梯、沙水池、攀爬的绳网、可钻可爬的小山丘，还有易于躲猫猫的不断变化的曲线墙体，等等。而那些顺着曲面墙一横排延续的小圆窗，则像是让他们置身巨轮的船舱内，顺着地面上不断延伸的曲线波浪行进与探索。

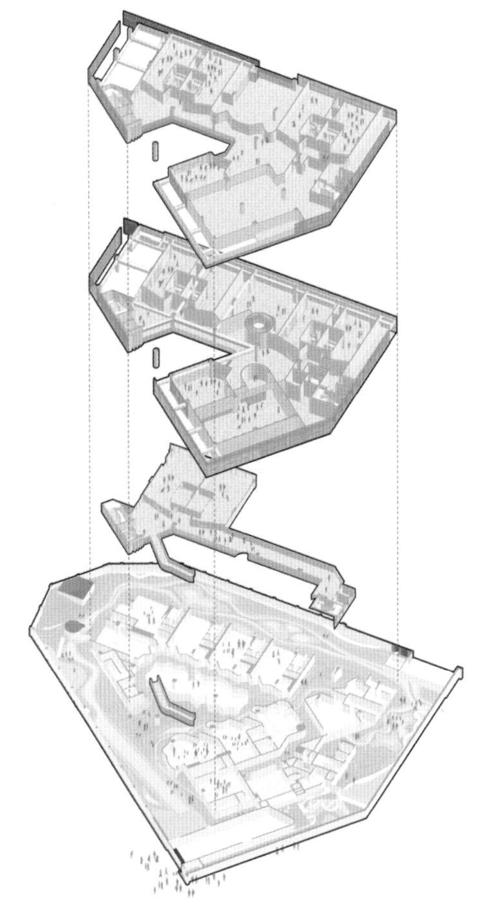

轴测分析图

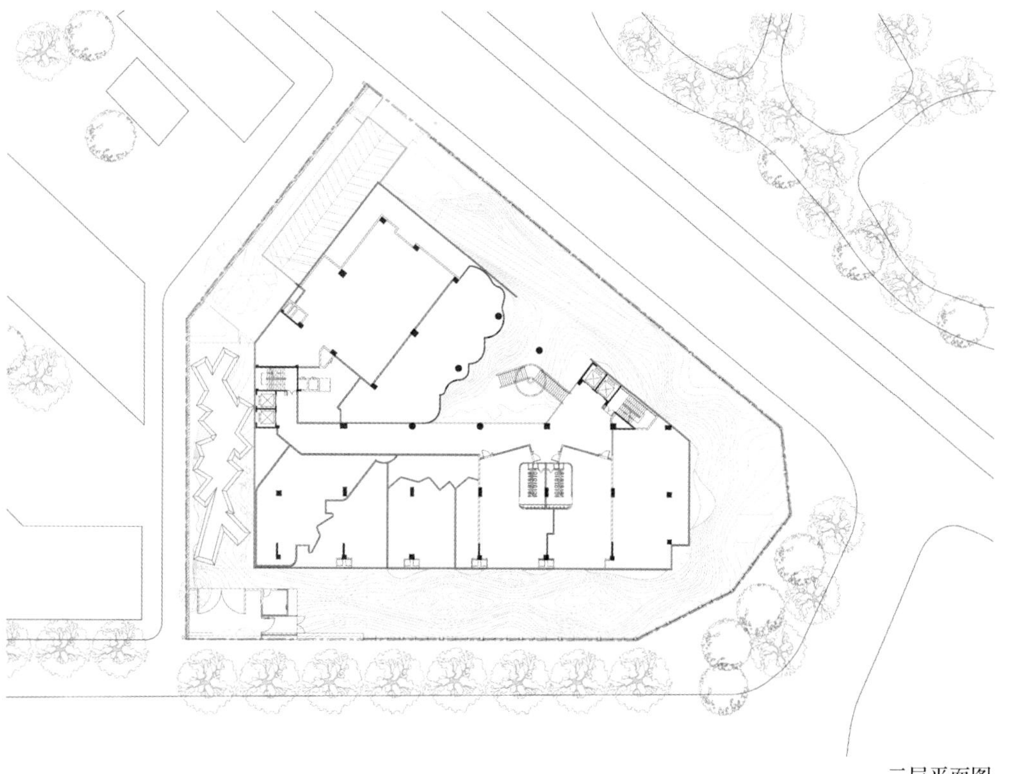

二层平面图

墨伊教育中心

让孩子成为空间的主导者

设计单位： TOPOS DESIGN
主创设计： 林晨
设计团队： 惠中旗（现场）、王成（方案）、卢丽媛（方案）、章渺（实习）
项目地点： 上海
项目面积： 室内面积 1200 平方米、露台面积 420 平方米
完成时间： 2021 年
项目摄影： 吴昌乐（空间）
主要用材： 防火板、石塑地板、PVC 定制地板、EPDM 塑胶地面、定制玻璃钢、人造石

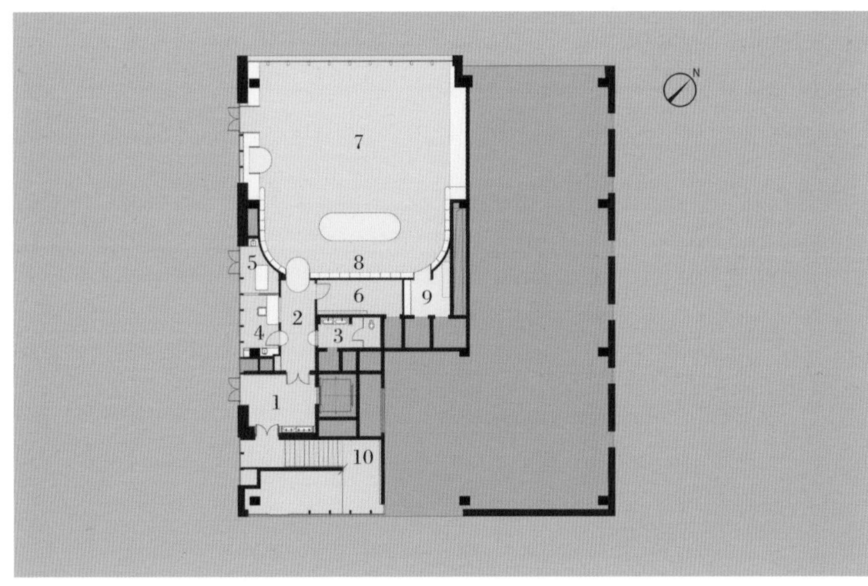

一层平面图
1 大堂
2 走廊
3 卫生间
4 前台
5 保健室
6 机房
7 多功能厅
8 阅览墙
9 储藏室
10 楼梯

墨伊教育是一家以培养教育 2~6 岁儿童为使命的教育机构。设计团队希望能够避免采用繁复色彩和复杂造型，而用接近肌肤的质感、极具分寸感的空间，打造一座拥有满满记忆、如海绵般柔软的儿童之城。

基地位于上海市黄浦区世博滨江的一座三层独栋建筑中，低处是中山南路，高处是内环高架，道路的一侧是越界世博园。园区外的车辆快速地呼啸往来，商业用楼色彩冷漠，而墨伊教育中心在此处用一个胶囊状的太空舱，包容着给孩子们的暖意与自由空间。入口避开了园区内的公共道路，隐藏在一排绿植木墙之中，形成了内与外的分界线。

▼ 拓展阅读

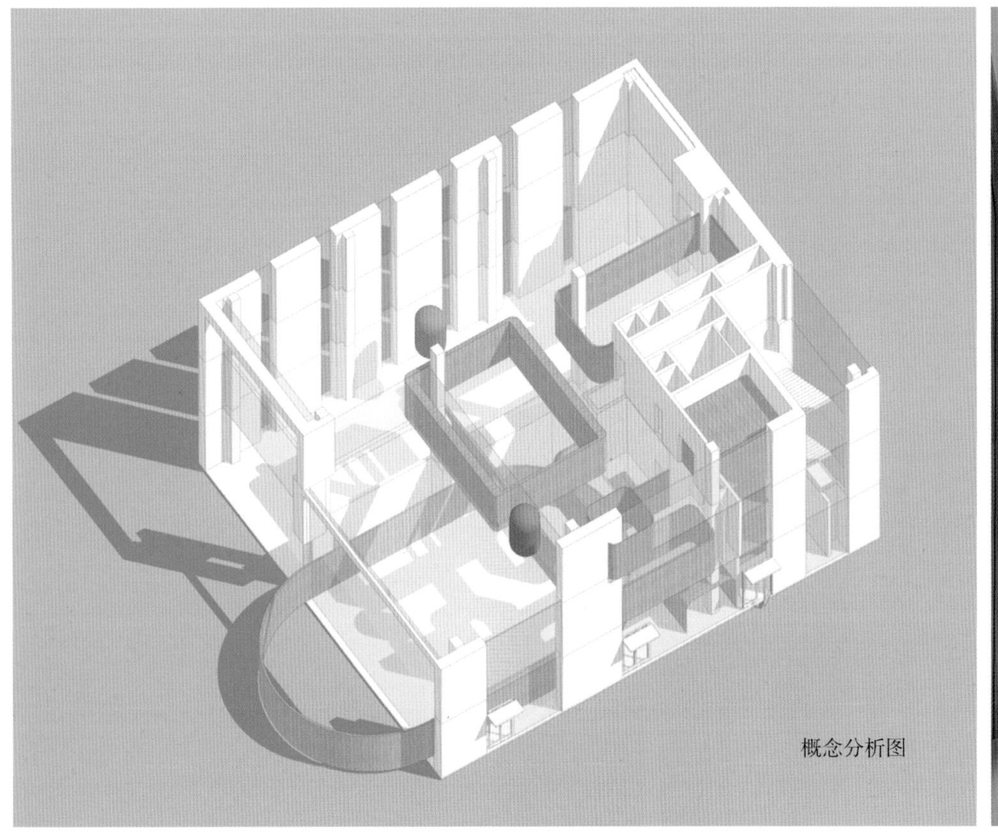

概念分析图

质感空间

从一层胶囊形态的多功能厅，经由楼梯到二层，是游戏屋、教室和烘焙间。设计师为不同的房间选择了不同的尺寸与方向，使孩子们能够在穿行于不同房间的行动中充分体验探索的乐趣。

自多功能厅开始，海蓝色的介入暗示了更多潜藏的隐秘空间：一个儿童尺度的冷静屋、一个登月舱风格的通道、一组仿佛刚刚从舱身上放下的舷梯，让整层空间能不断地产生新的吸引力。登上三层，除了采光充裕的教室与画室之外，蓝色的胶囊通道又一次提示着新的空间元素：它通往露台上的运动区，在那里，外部世界重新出现，但孩子们面对它时，所使用的视角已经大不相同。

视角的变化在顶层的大露台上更为清晰：绿植覆盖的木制护栏兼具防护、视觉导向功能，但更重要的是，在儿童的高度观看，它们高低变化的曲线，把围绕露台的绿植变成了层次丰富的丛林。不论街道、高架桥，还是邻近的其他商业建筑体，都成为孩子们所见到的景观中被再创造的客体。

ACTIVITY AREA
活动区
GIRL
BOY

EXPLO
RATION
AC
TIVE
SMI
LE
LO
VE

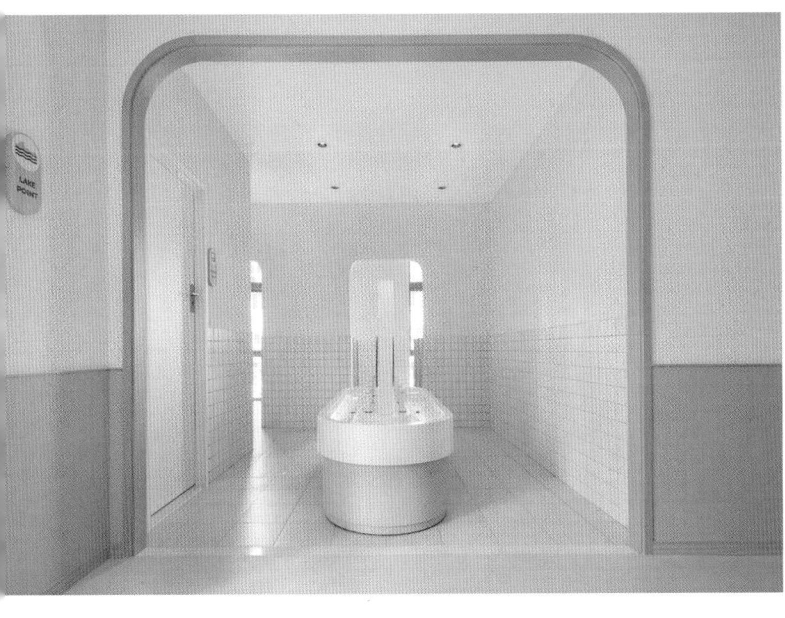

关于“内和外”的游戏

设计师邀请孩子们来玩一个关于“内和外”的游戏。与绝大多数的常规校舍不同，墨伊教育中心的通道走廊不仅是连接不同空间的拓扑点，更作为“真实存在”的行动空间被重新发现并平等对待。它更宽阔，也更完整，胶囊的圆弧元素同样无处不在。而在局部，通道的尺寸又会悄悄地改变，它不再一览无余，而变成了一个值得在停留、走、跑时感受细节与变化的场所。

如果把各个功能房间定义为“内”，那么不言而喻，一门之隔的走廊就是“外”。如果把整个建筑当作一艘正在进行冒险之旅的太空船，那么通道又比各个房间更接近太空船的内核。通道的功能未被成人定义，它是未来在这个空间成长的孩子们的另一种公共空间。

雅居乐·天际 715 潮居艺术馆

设计潮流 IP，变革场景美学

设计单位： 广州燕语堂装饰设计有限公司
主创设计： 郭捷
灯光设计： 意岚照明
项目地点： 广东，广州
项目面积： 1509 平方米
完成时间： 2020 年
项目摄影： 贺川 / 形在空间摄影

辅助功能

销售区域

文创用品区

总体功能规划图 1

1 女洗手间
2 男洗手间
3 签约区
4 收银区
5 资料室
6 沙盘区
7 品牌文创区
8 儿童阅读区
9 水吧
10 洽谈区
11 前厅连廊
12 接待区
13 图书区
14 前厅

项目位于白鹅潭核心地带，雅居乐·天际 715 潮居艺术馆与荔湾图书馆签约，打造融书香文艺与潮居艺术于一体的多元化空间，在销售功能完成后，转变为社区活动室，为小区及周边居民提供阅览服务。因此，设计师希望将其打造为新社交时代的第三空间，弱化空间的销售功能，强调文化的传承与潮流的联结，以一个创新的艺术打卡点，更新一张城市地标名片。

▼拓展阅读

专属 IP 的打造

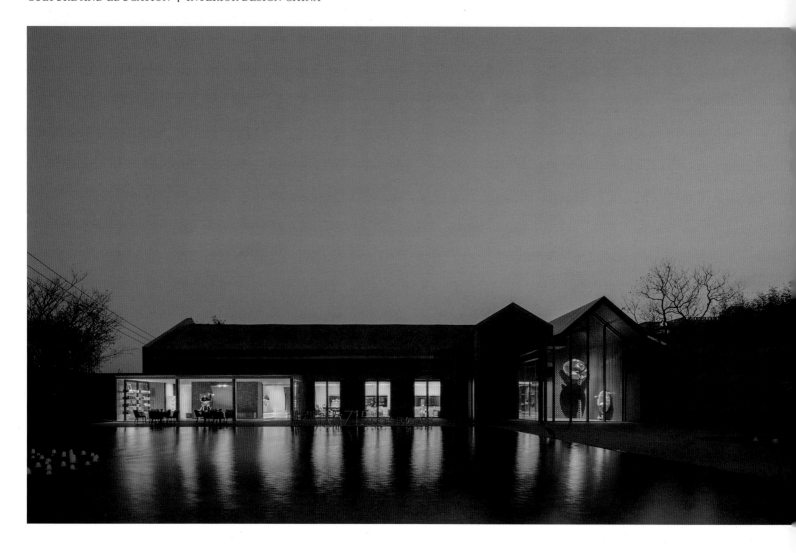

艺术馆的原址是一个旧仓库，传闻中有一只流浪猫寄居于此，它尤其喜欢趴在 4 号仓的屋脊上晒太阳，守护着园区，人们亲切地称呼它“巭妹”。因此，设计师为项目创造了专属的萌宠 IP，与“巭妹”同名，空间的潮与酷围绕着这只太空猫而展开。

为空间创造一个专属 IP，不仅是围绕视觉的美学输出，更是一个让人与 IP 情感共鸣、IP 与空间调性相融的过程。

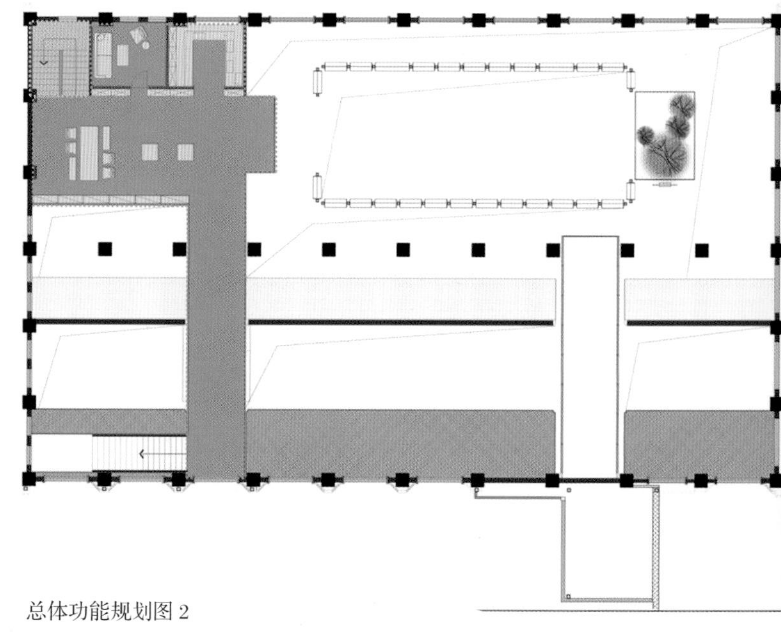

总体功能规划图 2

SKY COFFEE

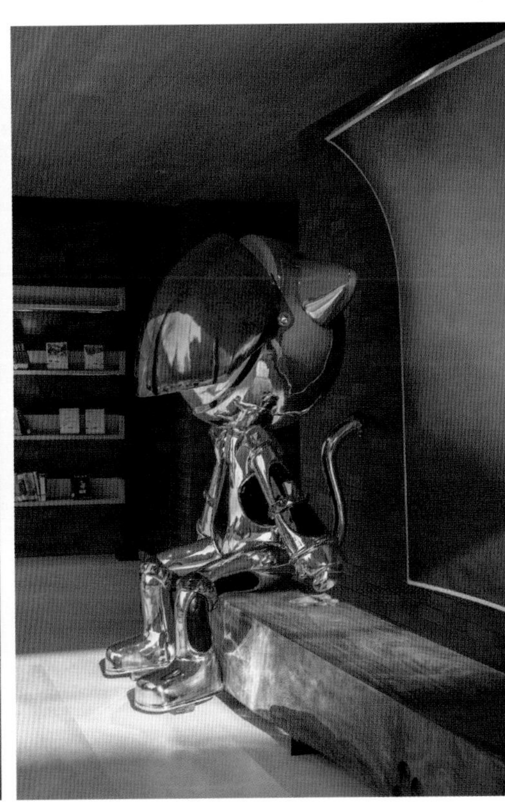

以当代手法演绎广府文化

设计强调对结构的解构，在屋脊与天花板、墙体与隔断等构件之间营造记忆点，映衬建筑的体量感和层次性。纯木色的脊架、墨黑色的嵌套、整齐的书架、螺旋状的长椅，围合出一个极简而秩序井然的模型区，加之多处氛围灯光的点染，书架顶端的城市建筑剪影阵列更显意境。

在延续整体当代风格的同时，设计师通过老式电话、水壶、花器、台灯、时钟、连环画、黑白电视机、黑胶唱片机、胶片相机、收音机、磁带等生活物件的装点，顺着时代美学的记忆，为二层阅读区注入了复古的元素，进一步实现了人文情怀与空间气质的融合。

在结构与结构的临界处，设计师以素雅的配色铺陈空间的格调和趣味，在极简的布艺沙发、温润的木艺列架、抽象线条的编织地毯之间，在不同系列图书与画册的对比之中，构建起一个可沉浸翻阅、可安静交流的功能空间，以丰富而实用的场景呼应空间的复合态。

图书区临窗而设，将自然景观与光影诗学引入室内，“忢妹”静静地坐在窗边，与圆弧曲线造型的装置、粗粝而悠久的红砖墙相映成趣，成为空间中一个凝结了文化记忆的立体细部。

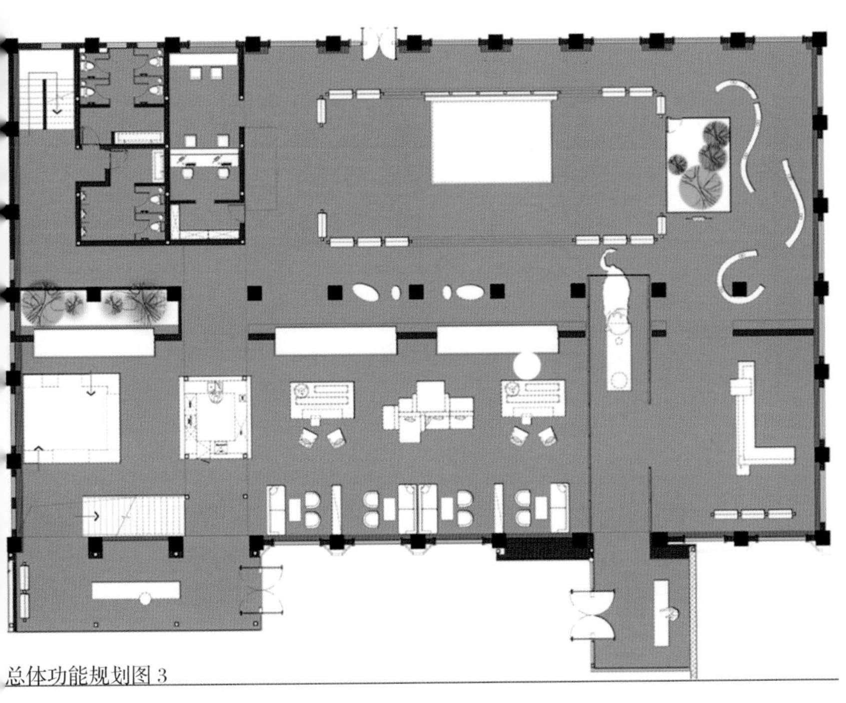

总体功能规划图 3

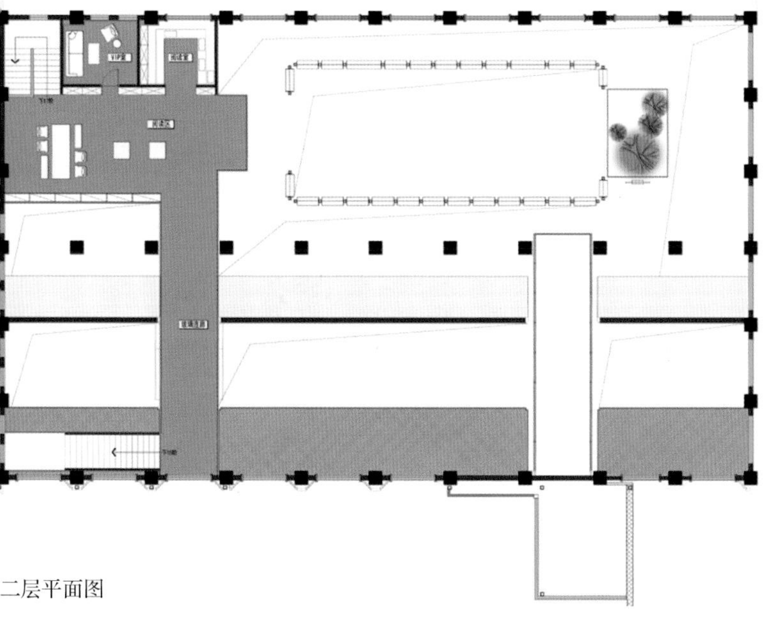

二层平面图

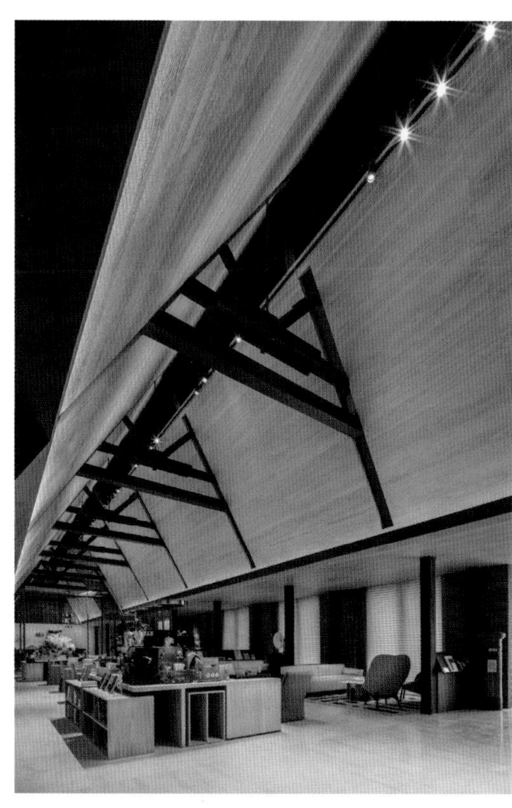

展览展示

XHIBITION

物象几何

灰度美学，含而不露

设计单位： JST 建筑研究室
主创设计： 解苏霆
设计团队： 陈圣钟、金娇、黄琼
项目地点： 福建，福州
项目面积： 530 平方米
完成时间： 2020 年
项目摄影： 贺川

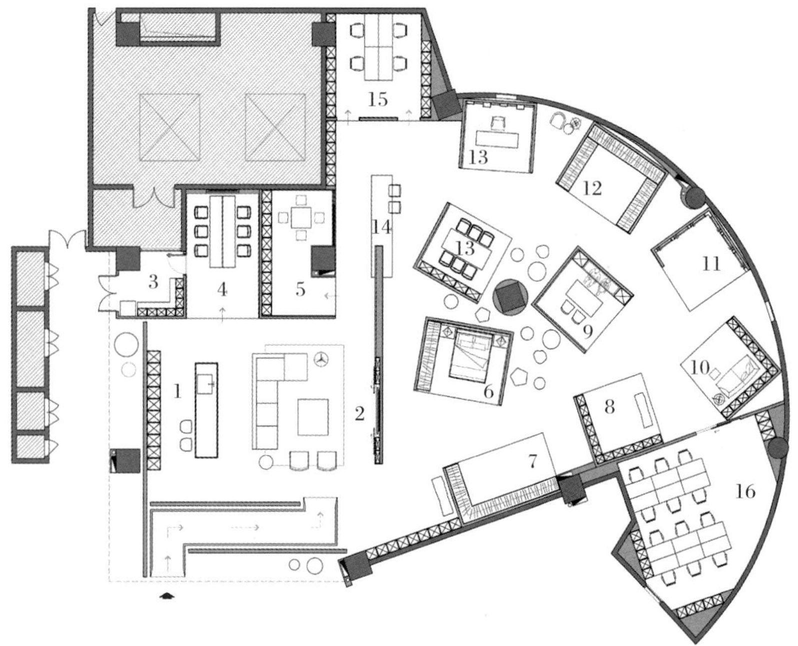

平面图
1 接待吧台区
2 会客厅区
3 茶水间
4 贵宾接待区
5 榻榻米情景区
6 休闲区情景区
7 开放式衣帽间情景区
8 书房情景区
9 卧室情景区
10 起居室情景区
11 门扇展示情景区
12 衣帽间情景区
13 洽谈区情景区
14 展示吧台区
15 深化办公区
16 办公区

这是一个坐落于福州的整木展厅，设计师在入口处打造了一个悬空的白色盒子，路过的人无法窥视内部景象。从入口到内部展厅，设计师预留了一条狭窄、素朴的长廊，独有的静默和空白赋予这片虚无的空间以某种意味，使人对未知的一切充满好奇和期待。

▼拓展阅读

物尽其用的布局优化

项目的原始形态不规整且多拐角，是设计过程中亟待解决的一大难点。在反复考量和推敲之后，设计师通过切割、重组，将空间划分为矩形和扇形两大模块，使空间得到充分利用。

矩形区域主要容纳接待和会客功能，有序组合的框架结构作为醒目的存在，传达着品牌标识的秩序感。进入的过程，也不再是常规地跨过一扇门，而是以狭长的矩形通道作为入口灰空间，强化具有仪式感的游走体验。

同时，自由开放的布局化解了相邻区块不同功能属性的对撞关系。扇形的格局丰富了空间的多变性，静态的死角得以由静变动，纳入人流的视觉互动和整体体验中。

回转延伸的体量与造型

清水混凝土结构和原木饰面，铺垫着时尚简约的黑白灰系主色调，不同灰度和肌理又带来微妙而平衡的美感。矩形与球面装置亦在曲直之间制造分歧，既是空间中富有趣味的记忆亮点，也酝酿着艺术化场景互动的可能。

一系列的片墙构筑物沿展销动线的节点而设，完整的空间因此而被打破。片墙隔而不断，彼此冲突又互相渗透，激发视野深层次的连接，同时成为人与空间建筑互动的载体。

片墙的阻挡形成内部洄游的空间，组构叠加转折的路径关系，延伸空间视觉与层次体验。斜切的片墙更使得墙体与原本的建筑结构交错，不对称的方位创造出微妙而丰富的空间形态。

超越物象的场所精神

设计师在围合的空间体块中，创造性地沿用当地民居的天井概念，在商业展示功能之上植入居家的亲和属性。光线通过面向天空切开的空隙，经软膜天花板引入昼夜的交替变化，形成时间的轨迹。

整木定制的家具与装饰组合，在浅灰色的低度背景中释放着天然的本色力量。伴随光影的明暗转换，木制肌理蕴藏细微变化的自然对比度，似以诗意的情绪语言，在内部的一方天地与观者默然对话。

扇形和矩形，光影与材质，框线组合或错位分割，皆是以人际尺度的设计策略，提升空间的情感黏性与使用者的互动，凸显生命的亲切和生活的本真，也成就了品牌文化的精神共鸣。

广州越秀 ICC 环贸中心

与城市共生，与世界同步

设计单位： J&A 杰恩设计
项目地点： 广东，深圳
项目面积： 1800 平方米
完成时间： 2020 年
摄影师： Blackstation
主要用材： 岗石、树脂人造石、GRG、软膜、树脂板、不锈钢

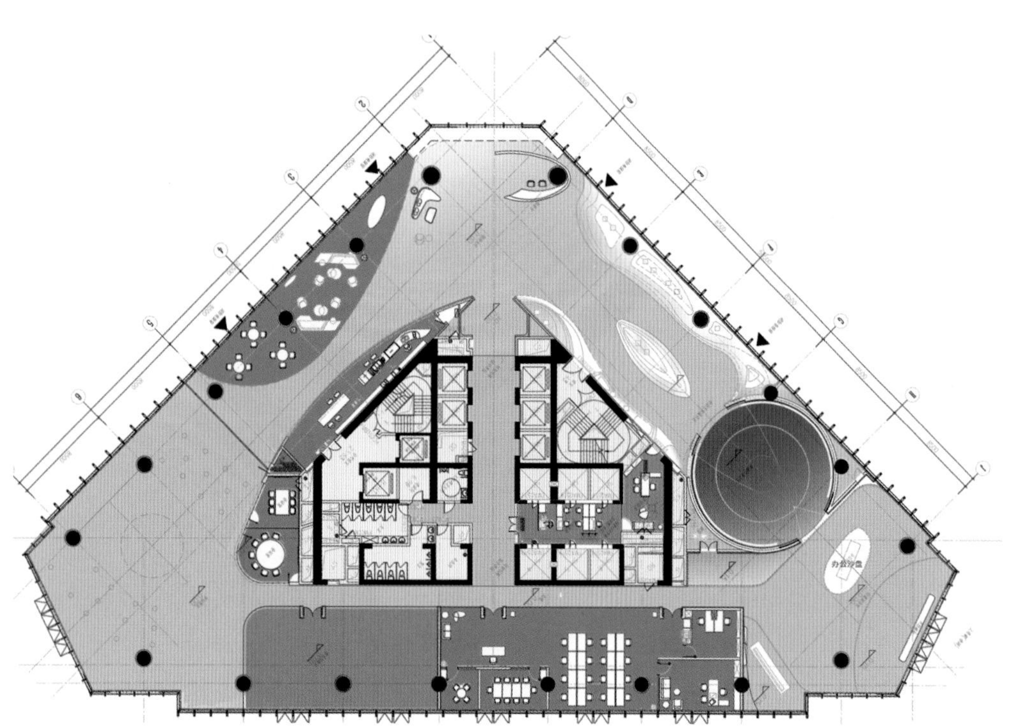

首层平面图

广州越秀 ICC 环贸中心坐落于城市中轴 CBD 北端起点处，是越秀集团在城市中轴打造的第 6 座商业综合体，本案是展示中心的室内设计。设计师坚持“城市标杆，汇聚美好”的设计理念，将业主的企业精神与广州文化结合，用现代设计语言构造出一个全新的湾区城市商业标杆。设计团队大量运用对称、呼应、意向的技巧，以简洁大气又富有现代感和科技感的表现力，结合大面积的留白手法与软膜、玻璃等材质的运用，让人感受到无限包容与开放的文化情怀。

▼拓展阅读

汇聚与呼应

在整个空间设计中，主创团队致力于打造一个立意鲜明、柔和有力的曲面空间，在自然灵动中构建起不同的功能分区，让空间如同一曲令人陶醉的咏叹调，起承转合，酣畅淋漓，又彼此呼应，不断汇聚，赋予整体空间开合有度的蓬勃生命力。

场地原本的承重柱大小不一，分布复杂，主创团队巧妙地利用曲面包裹，将弱势转变为优势，原本大小不一的柱子反而成了咏叹调的低音声部，稳重且挺立，串联起具有流动感的曲面。

包容与开放

空间分为“走进越秀”“蓬勃发展”“成就美好生活”三个篇章，形成合理、高效的秩序感，提升了到访者的参观体验。沉浸式的空间场景表达了设计师对新型科技展厅的解读与突破。

入口的前台和落地的品牌标识围合成一个窗口，展现室外中轴线景观，形成内外呼应。整体空间在黑白灰色调中融入了越秀标识的橘黄色。英国后现代主义艺术家托尼·克拉格（Tony Cragg）设计的座椅在几何理性的美中蕴含着静默的动感。

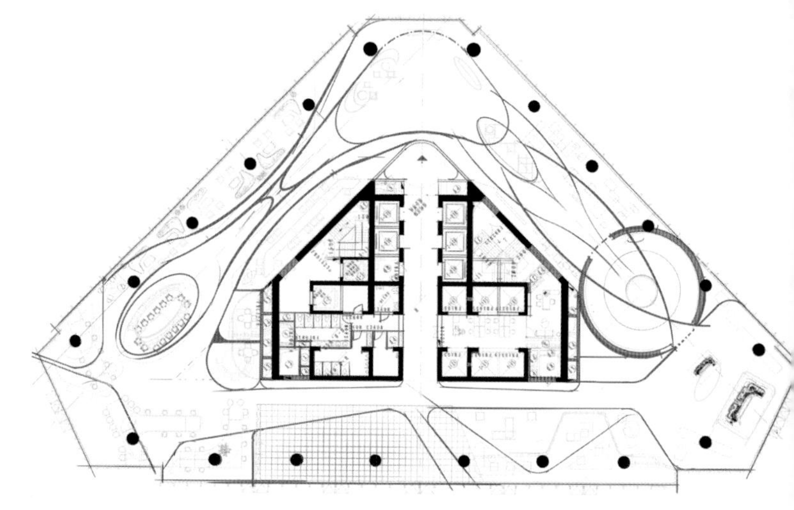

虚实与共生

多媒体展示区的设计结合声、光、电等科技手段，以球形滚动投影形式展现。天花板采用石材打造，主创团队巧思妙想，将石材掏薄并暗藏灯管，远看干净通透，与整体空间氛围融合；近处仰望，看到天花板层层堆叠，犹如群星璀璨，汇聚光芒，带给观者无限惊喜。

沙盘展示区利用天花板、柱子、地面的设计，将空间分为建筑整体模型展示、区位模型展示、商业分层展示三个区域，但又不缺乏整体风格的连贯性。多功能区巧用天花板闭合圆形，形成区域的围合。三个结构艺术品的点缀恰到好处，黑色铁艺线条与地面浮动光影虚实共生，构筑妙趣。

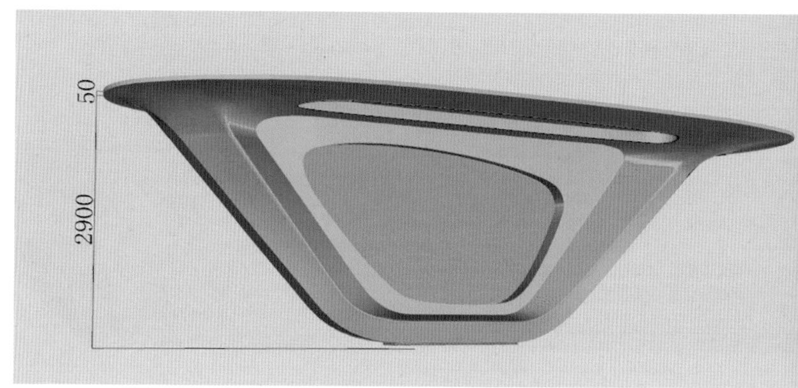

万科南头古城展厅

当代空间与历史空间的碰撞

设计单位： 万社设计
主创设计： 林倩怡、杨东子
设计团队： 李诗琪、李泽兵、林志超、邓寓文
项目地点： 广东，深圳
项目面积： 250 平方米
完成时间： 2020 年
项目摄影： 郑航天

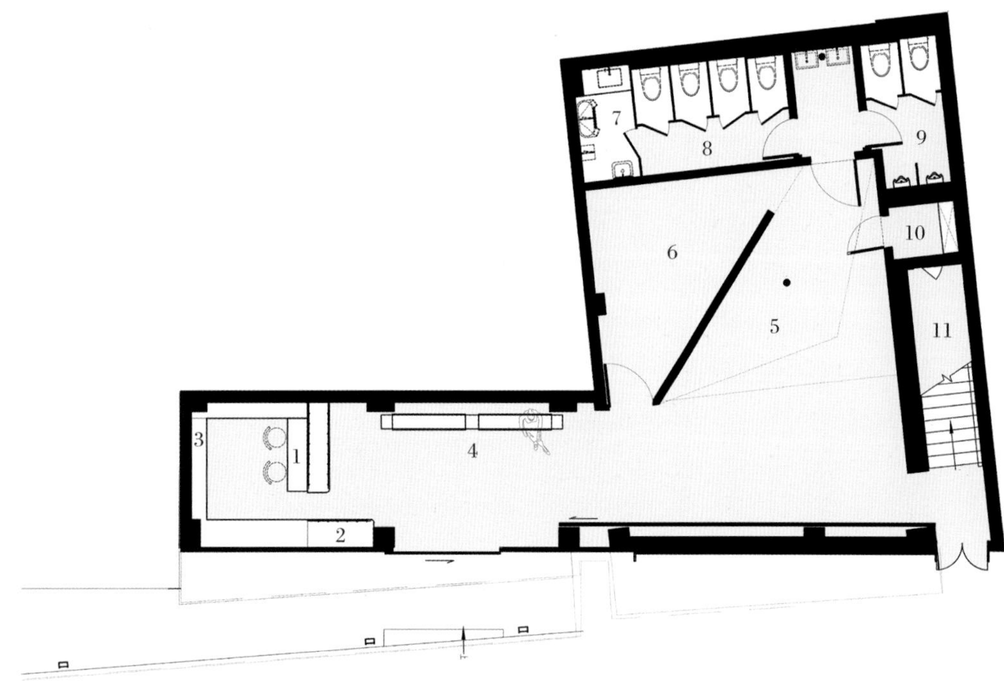

一层平面图
1 咨询服务台
2 共享咖啡区
3 急救箱
4 休闲区
5 展览区 01
6 展览区 02
7 母婴室
8 女士卫生间
9 男士卫生间
10 行李、婴儿车寄存区
11 监控、配电间

该项目位于南头古城街区改造升级项目先行示范段的南北街核心区，是一栋兼具复合功能和公共属性的“城市记忆展厅”。原建筑主体由三个不规则的历史建筑方块体连接而成，梁柱多且不规整。因时间及安全性的问题，设计方案不可更改原结构中楼梯及梁的位置，但需要包含接待区、寄存处、监控区、办公室、洗手间、会议室、共享咖啡厅以及展览区域。

▼拓展阅读

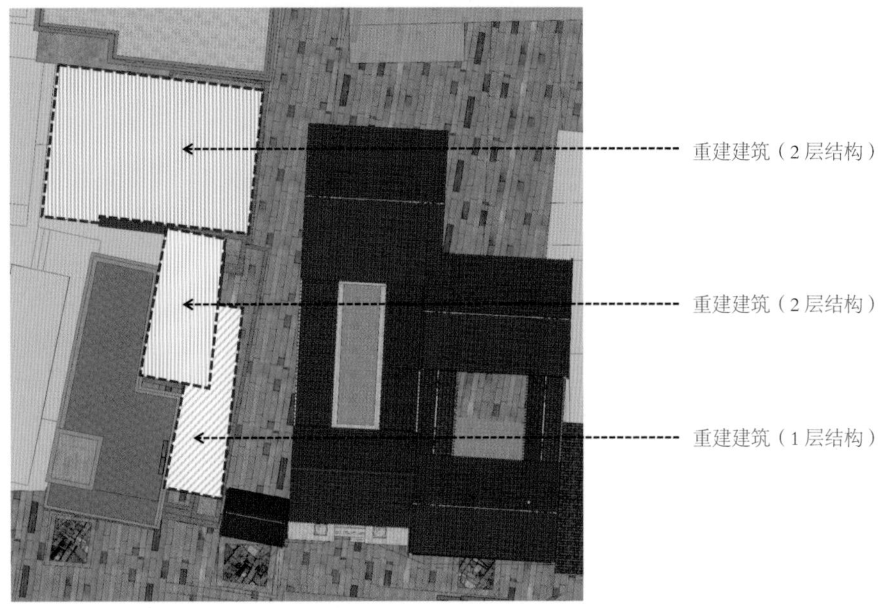

原始场地状况分析

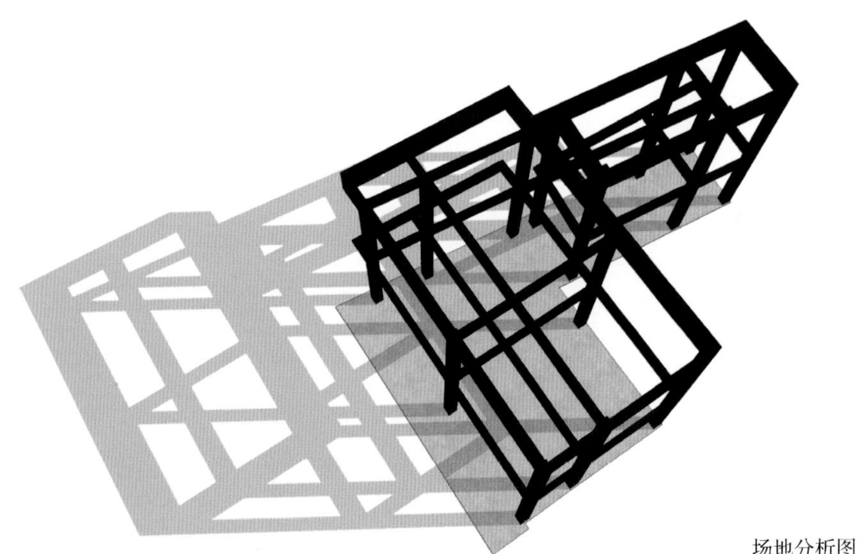

场地分析图

一墙之内，游廊浮梦

设计灵感源自岭南建筑及园林中的游廊，通过连接两个或多个独立建筑的曲折回环的轴线式布局，在有限的围合空间中营造无限之域。

在固有的平面植入一面通高的斜墙，通过斜墙创造出独特的空间感，并且以斜墙开启一个三角形的通高中庭，拉动上下两层的空间关系，同时形成趣味性的观展动线。

叠造共生，融入街区

空间内主要使用了灰砖及木头两种中式建筑的标志性材料，以不同的组合及质感碰撞展示自身在传统和现代中的变换。青砖、柚木、炭化木，这些材料的自然纹理隐现时间的印记，与场地散布着的古城墙无声对话。设计师还将银箔与木饰面做了贴合，形成带有木纹肌理的进化版"银箔"，从而中和炭黑色木及天花板矩形阵列设计语言下的肃穆及理性，使整个空间质感更加柔和且温暖。

虚实相映，独特空间

此外，岭南建筑中的游廊还讲究景观与自然天光贯通，形成天然的展示空间，常以天井光来揭示空间的层次，从而取得开敞、层次变化丰富的空间效果。在此案中，空间中的景观——"展览"与天花光影共存，使空间体验感具备更多的层次。

客行流线循廊推进，随空间上下关系而起伏，狭长的通道使视野受到压缩，通道墙壁留有格窗透光，形成虚实结合的光影效果。挑空区如柳暗花明，形成先抑后扬的空间对比，丰富了体验的层次与趣味。透亮干净的玻璃砖的立面材料隐约地透射着外面的色彩，理性的十字结构框架语言使空间语言趋向统一。

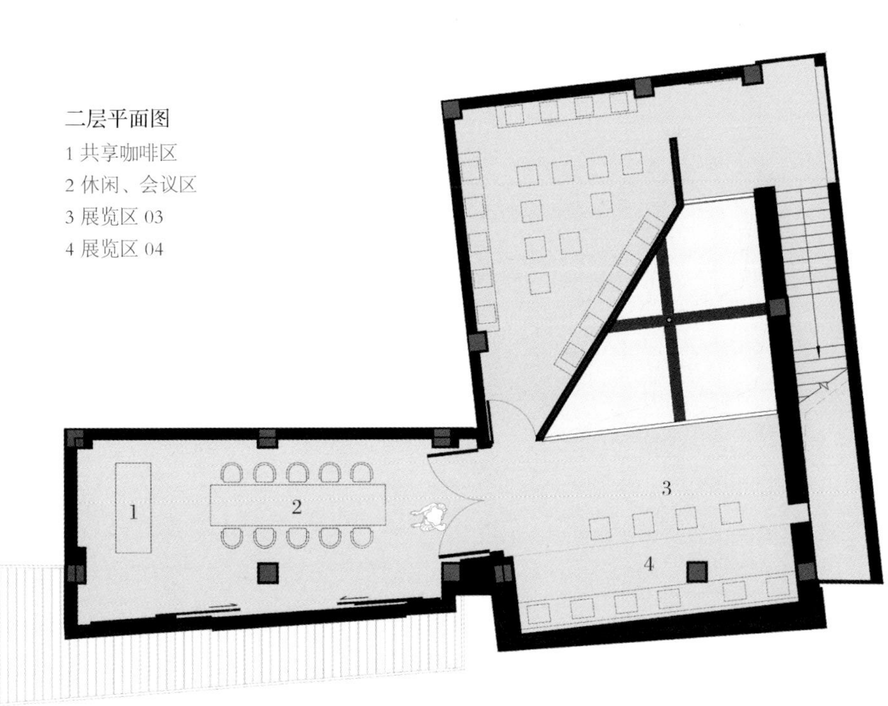

二层平面图
1 共享咖啡区
2 休闲、会议区
3 展览区 03
4 展览区 04

儿童玻璃博物馆 2.0

互动性十足的艺术展览空间

设计单位： 考迪迅（上海）建筑设计咨询有限公司
主创设计： 迪尔曼·图蒙（Tilman Th ü rmer）
设计团队： 殷琦洛、戴维、玛珐、陈怡君、文思宁
项目地点： 上海
项目面积： 2320 平方米
完成时间： 2021 年
项目摄影： 协调亚洲

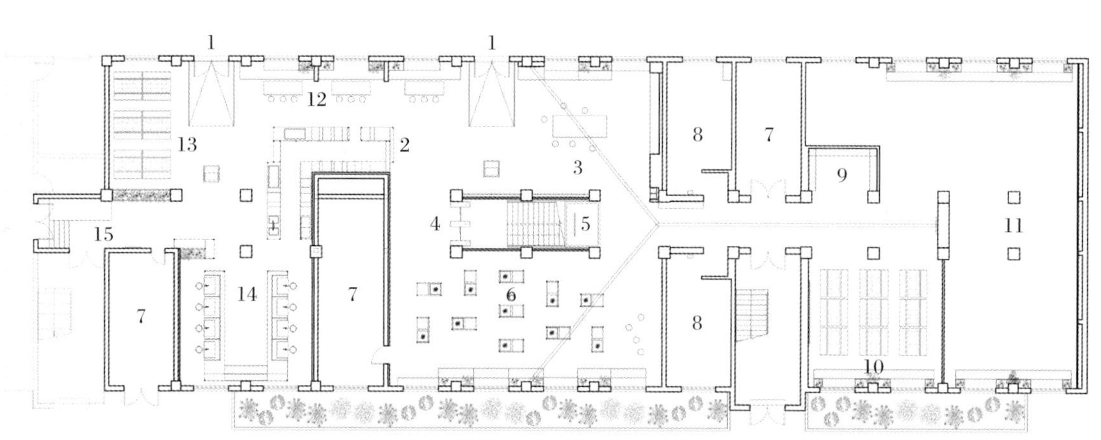

一层平面图
1 入口
2 售票处
3 服务区
4 检票区
5 视频长廊
6 展览区
7 储藏间
8 卫生间
9 衣帽间
10 分组 DIY 工作坊
11 活动区
12 大厅
13 DIY 工作坊
14 烧制玻璃工作室
15 吹制玻璃工作区入口

儿童玻璃博物馆 2.0 是为年轻观众打造的当代艺术与设计博物馆，由玻璃工作车间改造而成。博物馆为儿童设计的空间内容结合探索性的参观体验，鼓励孩子们独立自主学习。

博物馆提供了一个环境，在此孩子们对玩乐的向往与家长希望孩子学习的愿望都得以满足。博物馆的设计展现了打造一座当代文化与教育目的地的愿景，给年轻的都市人以及家庭提供一个参与文艺活动、共同欣赏艺术文化的平台。

▼ 拓展阅读

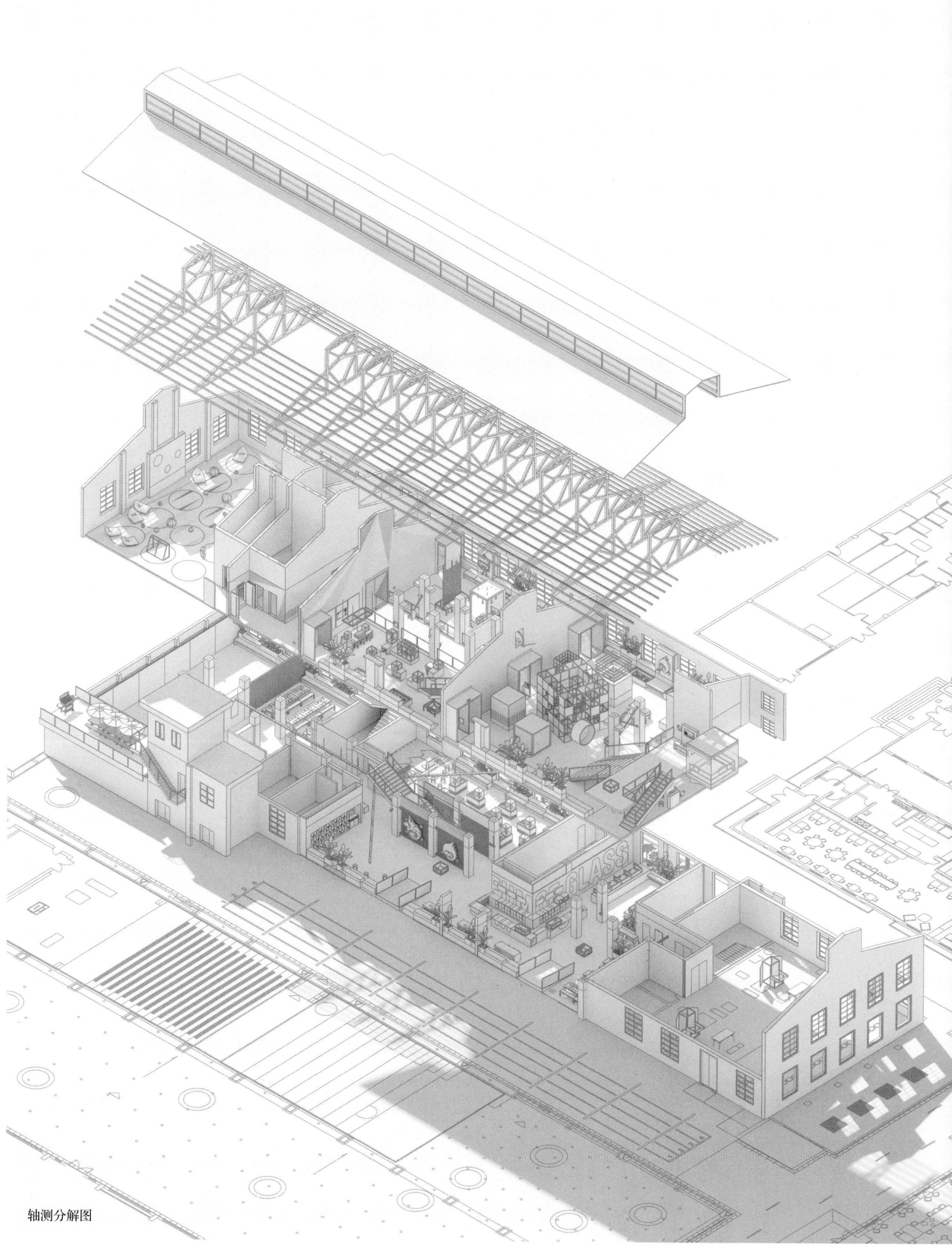

轴测分解图

提升互动性

博物馆通过展览在多个层面吸引参观者互动，所有展品由一个寻宝游戏串联，邀请参观者在空间中寻找线索。这样可以让孩子们主导参观体验，探索更多他们感兴趣的主题，并积极主动学习关于玻璃、环境、科学、科技、艺术、设计与人类文明的知识。多媒体与数字内容在展览设计中扮演着重要的角色，包含镜子迷宫、声音装置、追踪动态的互动展项以及探讨与玻璃相关的各种主题视频。

儿童玻璃博物馆还设有大型工作坊空间，带有烧制玻璃的窑炉与灯工工作台。灵活的空间能够用来举办临时展览和活动，也能容纳大型的学校团体。

保留建筑的记忆

原玻璃工作车间的木结构天花板以及外露的砖墙都被保留下来，以保存原本空间的韵味。在 12 米高的原有屋顶下，黑色金属平台与阶梯被嵌入开放式空间，为空间创造了层次感。定制玻璃砖构成的透光墙面让自然光充满整个空间，玻璃砖上的纹理模拟旧工厂里金属板上的纹路。这些微妙的细节都是建筑记忆的印记，让空间开启一场关于“新与旧”的对话。

遵循儿童的行为模式

对比强烈的黑白色调主宰着博物馆空间，凸显了展品、屏幕与装置上缤纷绚烂的色彩。动态灯光装置贯穿博物馆，营造出充满活力的气氛。大胆抢眼的墙面平面设计以及带有博物馆吉祥物图案的定制柔软地面，让观众沉浸在一种独特的环境之中。在选择材质的时候，孩子们的行为模式都被纳入考虑，如展柜上的强化玻璃可供孩子们踩踏、行走，甚至蹦蹦跳跳。

KIDS
MUSEUM
OF
GLASS
迎来到儿童玻璃博物馆。玻璃无处不在

GLASS

英良石材自然历史博物馆

重生的晶体空间

设计单位：时境建筑
主创设计：张继元、卜骁骏
设计团队：李振伟，张家赫，郑来荣，黄博，马磊磊
项目地点：福建，南安
项目面积：2600平方米
完成时间：2020年
摄影师：时境建筑

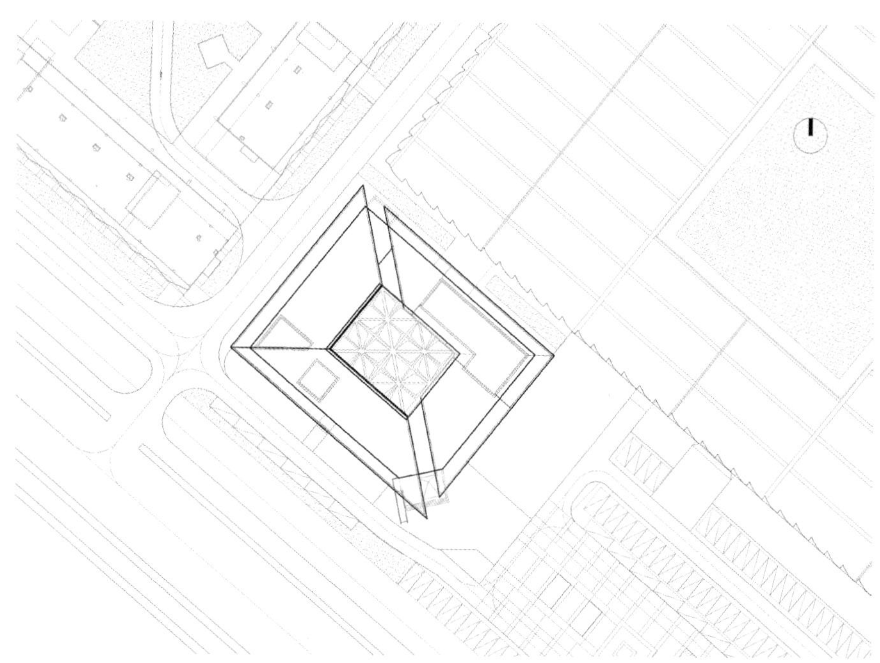

总平面图

业主在多年的石材业务中收集并保护了大量的化石文物，希望在集团总部的办公楼里引入一个博物馆用于展示化石和研究化石所蕴含的自然科学。对原有办公楼空间的改造设计包含两个巨大的挑战：第一，如何区隔和连接内部办公和开放展览这两种对立的功能空间；第二，原建筑办公区主要靠内部中庭采光，博物馆功能的介入势必使原先十分有限的办公采光更加紧张。

▼拓展阅读

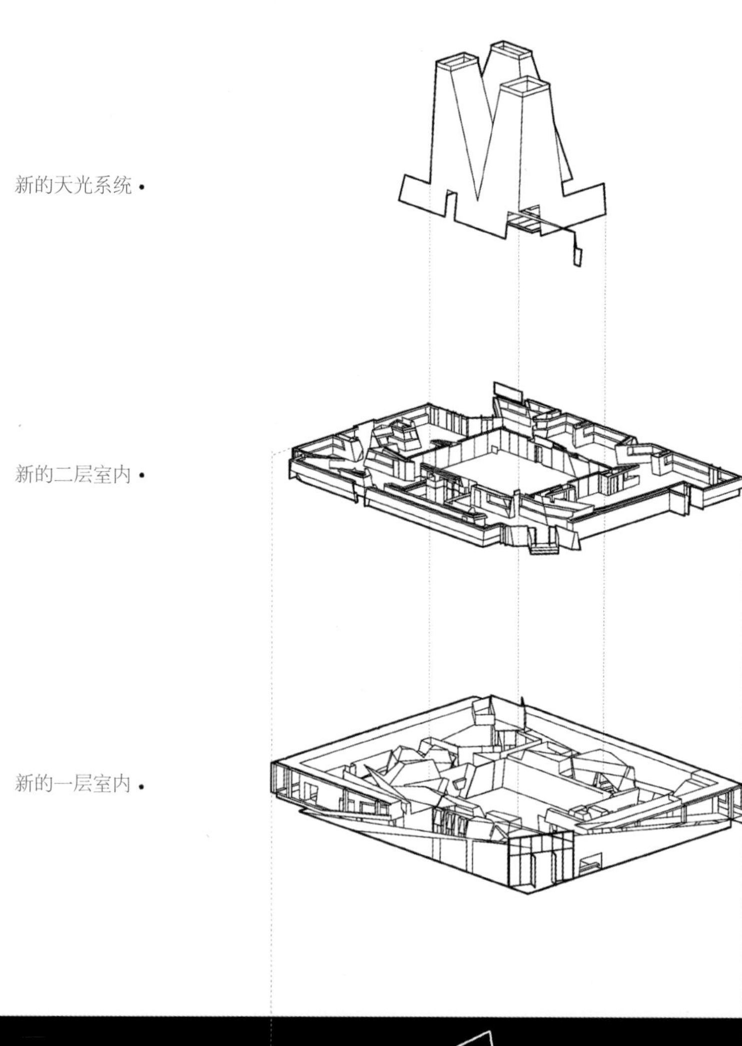

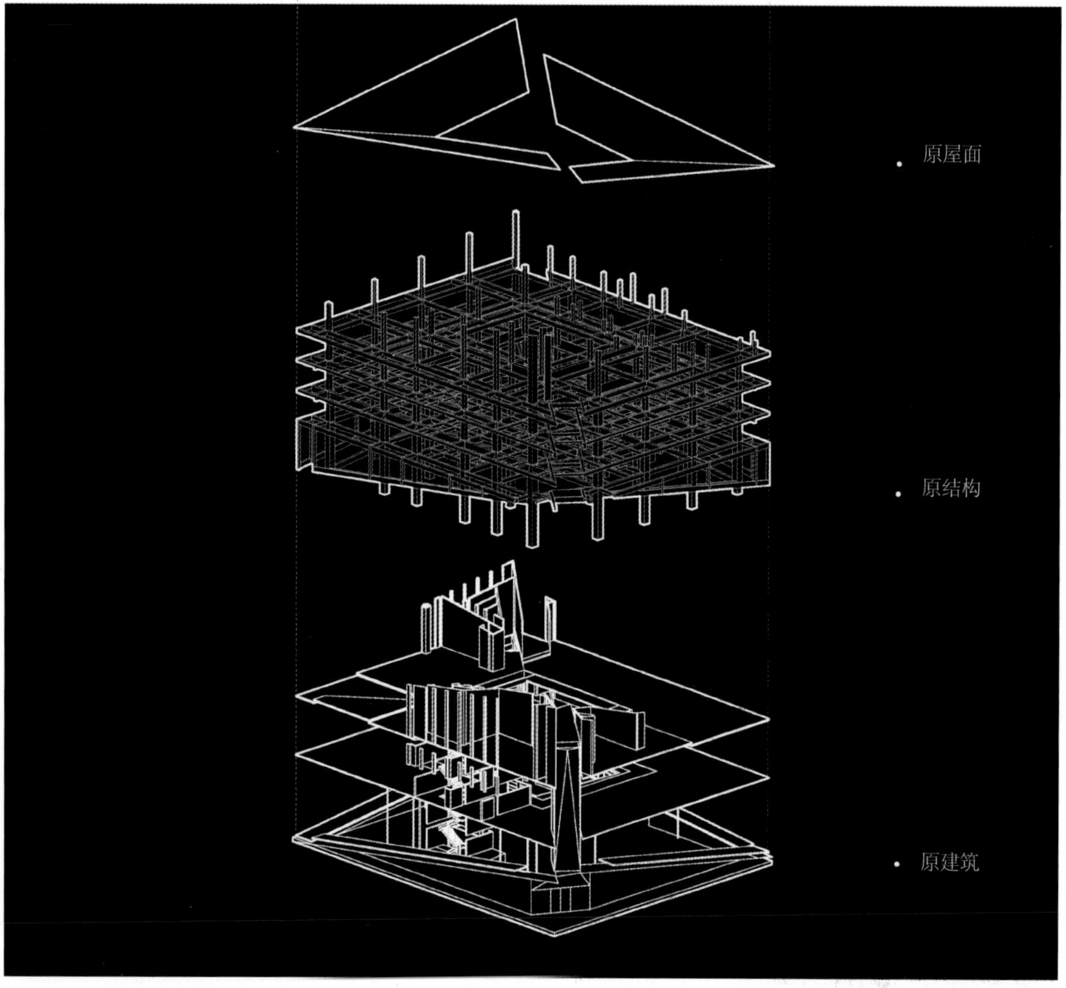

轴测分析图

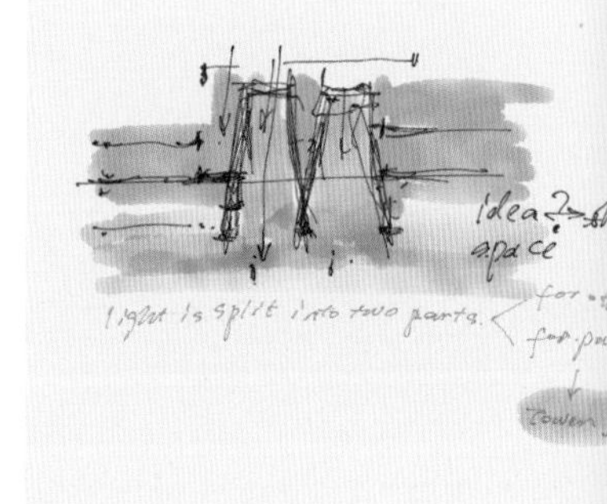

手绘

以石材形态演绎设计语言

设计师通过对石材最原始的形态——“晶体结构”的解读获得了新的建筑语言。设计师在中庭引入三个相互穿插的晶体，它们如金字塔般的锥筒，倾斜的上外表面可以将一部分天光反射到中庭四周的办公室里，而在筒内，另外的一部分天光则可以直达一层的博物馆大堂。围绕着这些垂直通高的晶体，一些横向的晶体与中庭纵向的晶体穿插在一起形成了多个化石展厅，展厅的布局根据展览的时间和故事线索进行展开。这些横向的晶体沿着自身的生长方向也把一部分外立面上的室外的光线引入博物馆展厅室内。

与远古化石的跨时空对话

改造后，之前横平竖直的楼板仿佛被多个晶锥方体穿透，原本正交系统的梁柱空间被转换成一个个神秘发光的晶体空间，当这些沉重的物体“飘浮”起来时，反重力空间将观众置于一个充满科幻感的未知空间中。中庭空间被晶体的内和外分割成展览和办公两种功能，博物馆内部呈现出晶体不停生长的、复杂交错的状态。在这里，由原始的石头晶体转译成的空间正在与作为展品的远古化石进行着跨时空对话。

一层展开图

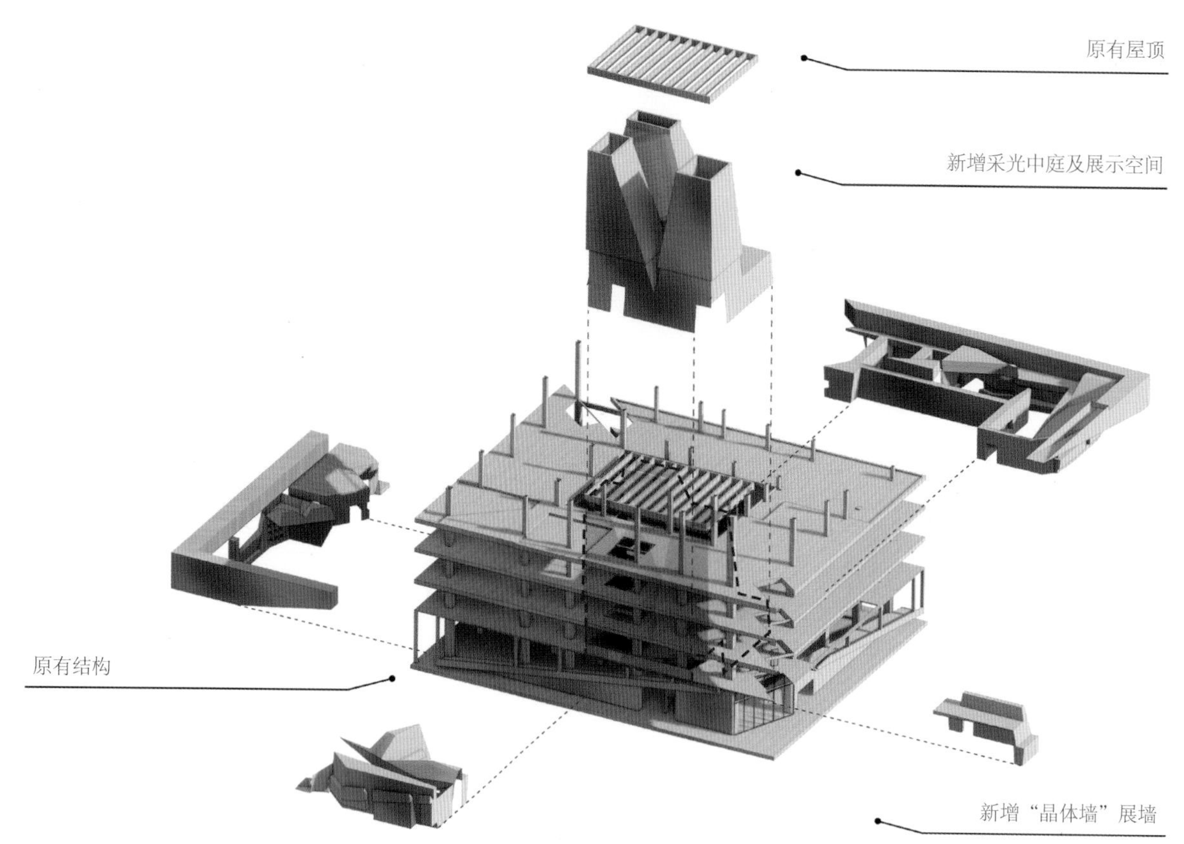

新旧结合以及
“晶体墙”的构

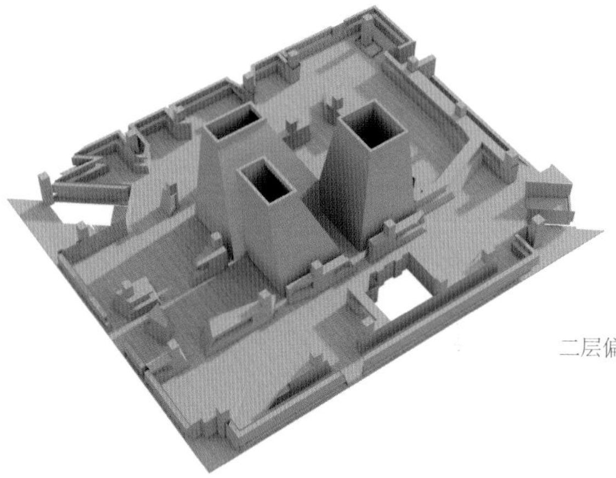

二层偏高面模型

改造前剖面图

首层平面模型

新增墙体与原有结构的组合

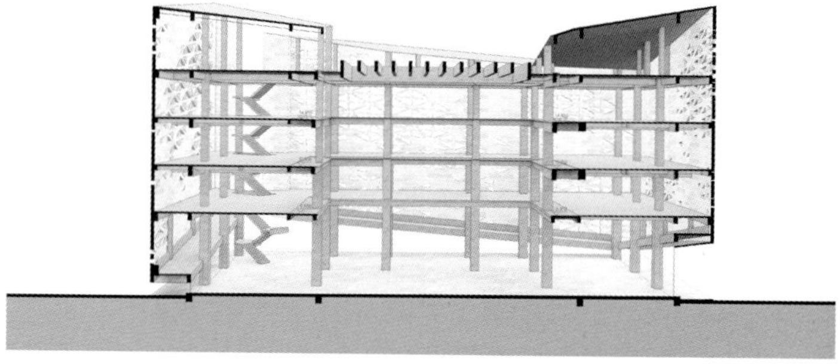

改造后剖面图

墙壁是最强大的构成元素

博物馆整个空间没有多余的装饰，设计师试图用最原始的表达方式记录沉积亿万年的古生物印记，于是只使用了一个简单的构成元素——墙壁，这种简单的设计带来的是空间、尺度和光线体验的前置。墙壁不再仅仅是功能上的分割界面，还带来洞穴般平静、冷峻的气氛，以衬托年代久远的地质化石展品。晶体的墙壁内部是博物馆的天花板，墙壁外部承载了办公楼层的反光板功能，同时间隔了公共和私密两个分区。

由于墙体使用了大量倾斜的表面构成，所以空间无法用传统的二维坐标轴方式来表达，角度标注也无法精确地传达这些空间当中的面和线。设计师最终采用三维坐标系的方法对图纸进行标注，而施工现场则使用全站仪对三维空间坐标点精确还原，确保每个线条的精度，这样才不会导致任何一个放样点错位，最后影响到其他相关平面的精度。整个项目的材料低调朴素，为的是凸显空间中的光源对空间形体的塑造，为这些来自远古的化石提供合适的展览环境。

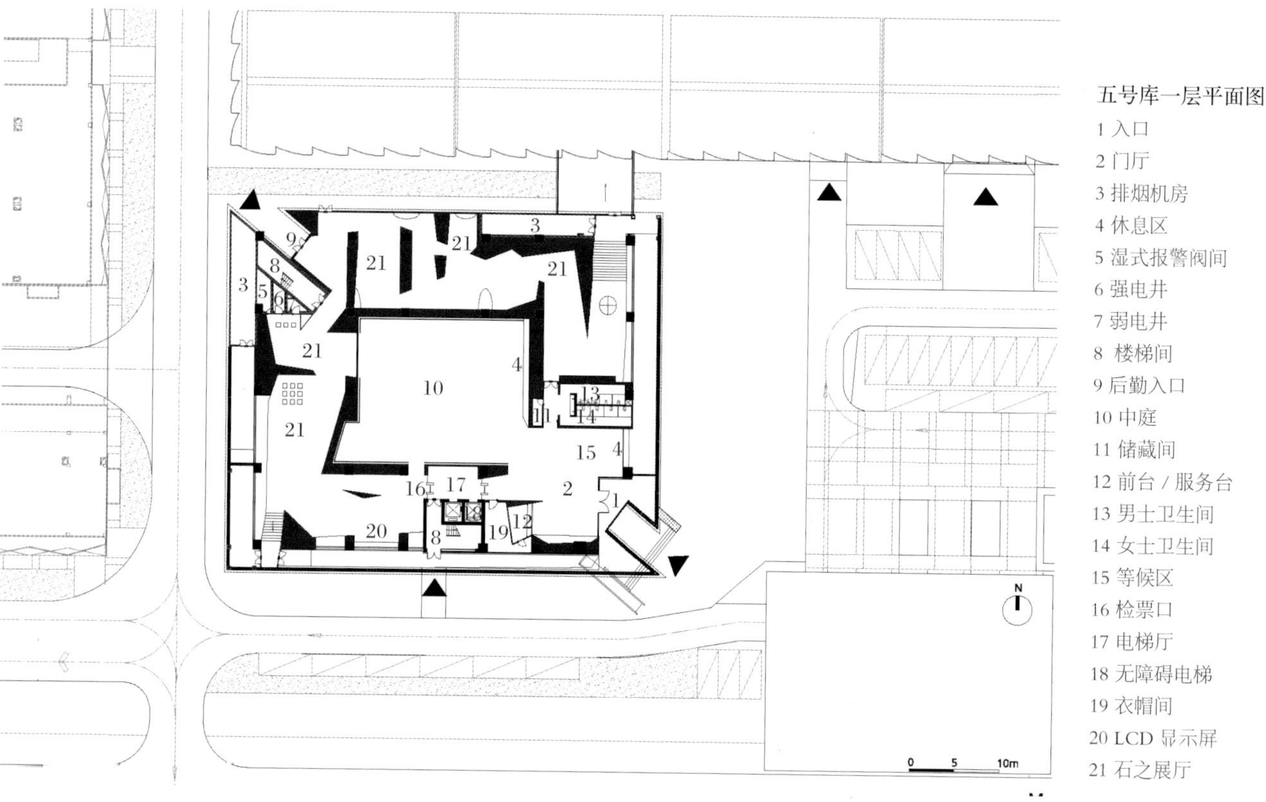

五号库一层平面图

1 入口
2 门厅
3 排烟机房
4 休息区
5 湿式报警阀间
6 强电井
7 弱电井
8 楼梯间
9 后勤入口
10 中庭
11 储藏间
12 前台 / 服务台
13 男士卫生间
14 女士卫生间
15 等候区
16 检票口
17 电梯厅
18 无障碍电梯
19 衣帽间
20 LCD 显示屏
21 石之展厅

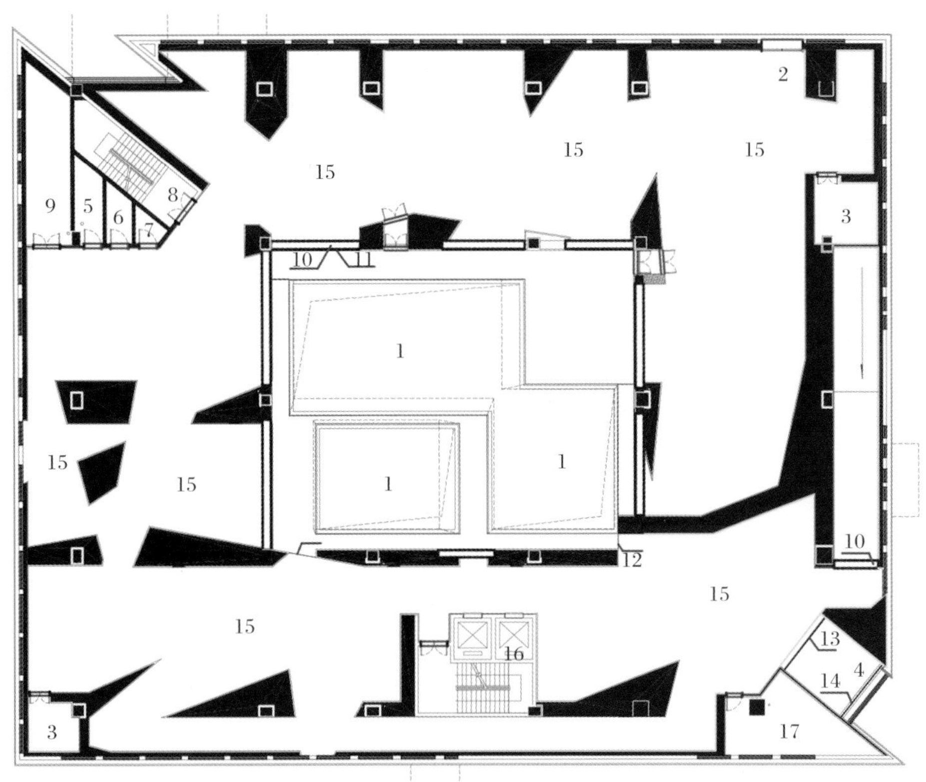

五号车库二层平面图

1 中庭上空
2 出口
3 排烟机房
4 休息区
5 湿式报警阀间
6 强电井
7 弱电井
8 楼梯间
9 新风机房
10 防火卷帘
11 超白钢化玻璃
12 防火玻璃
13 玻璃门
14 玻璃扶手
15 石之展厅
16 无障碍电梯
17 储藏间

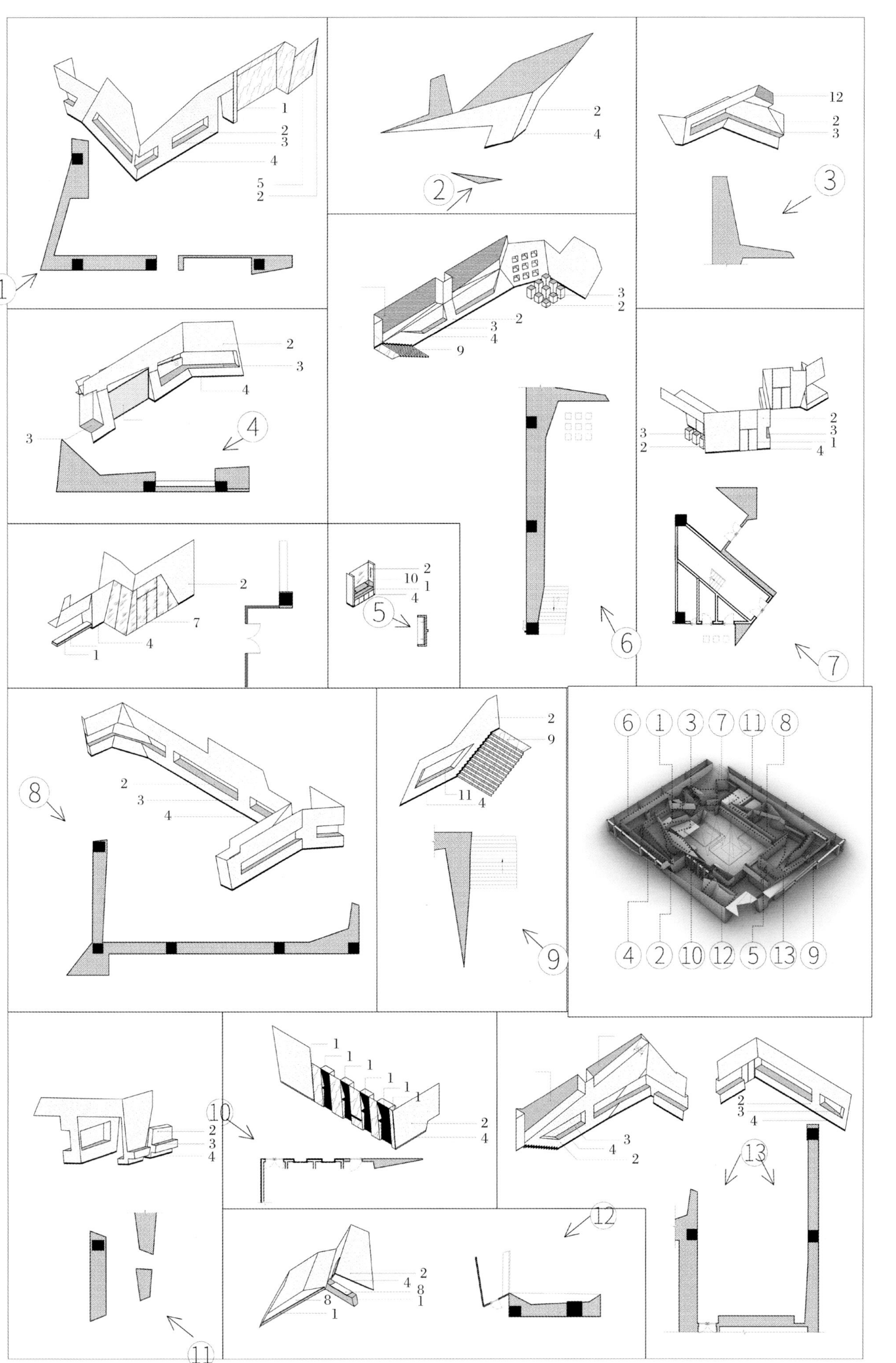

首层墙体分解图

1 黄铜饰面
2 轻钢龙骨水泥加压板混凝土饰面
3 散光板 + 钢化玻璃
4 80mm 踢脚线
5 钢骨架干挂大理石饰面
6 LED 显示屏
7 玻璃门
8 灰色石材饰面坐垫
9 干铺大理石
10 镜面
11 玻璃
12 软膜饰面

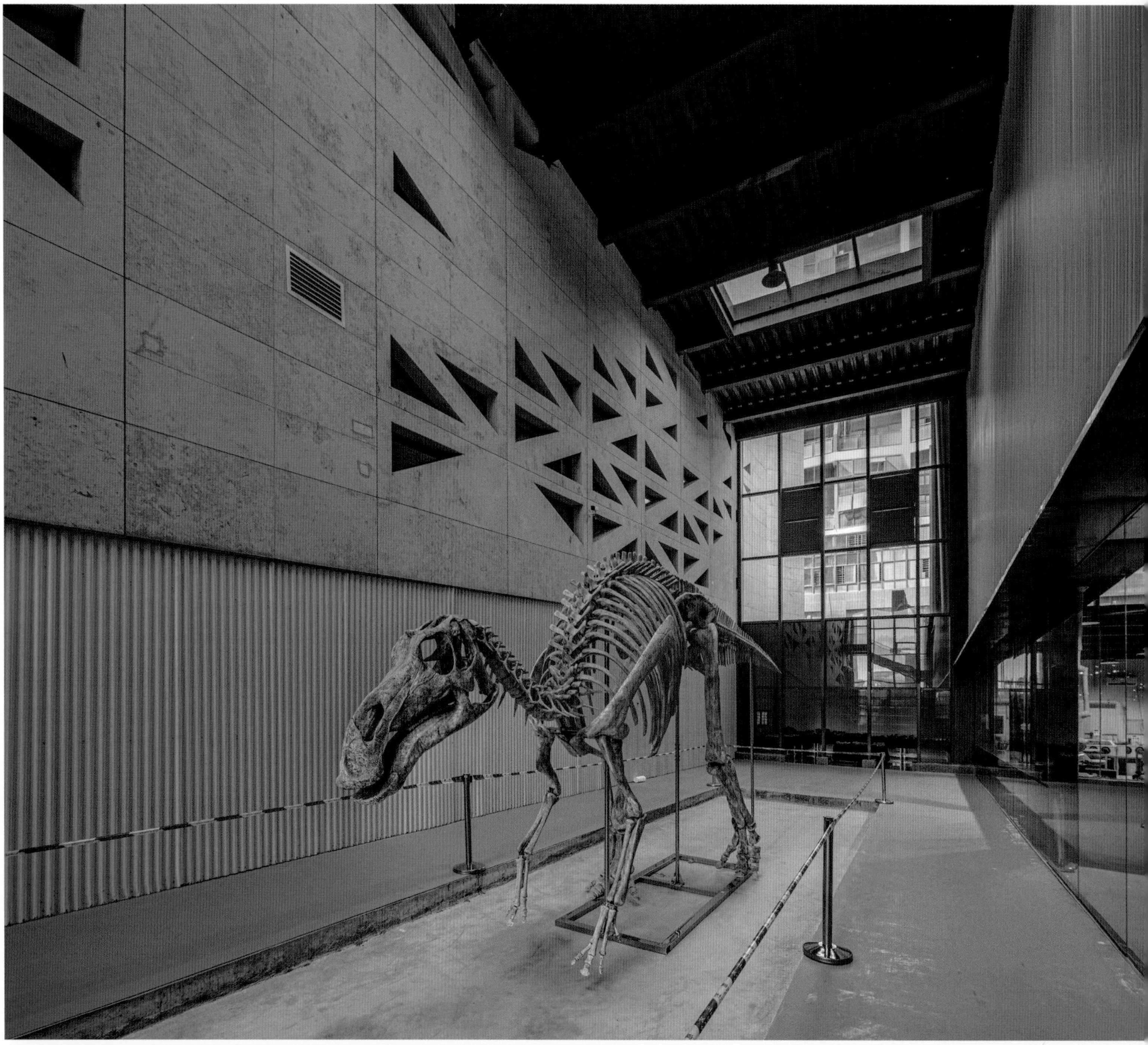

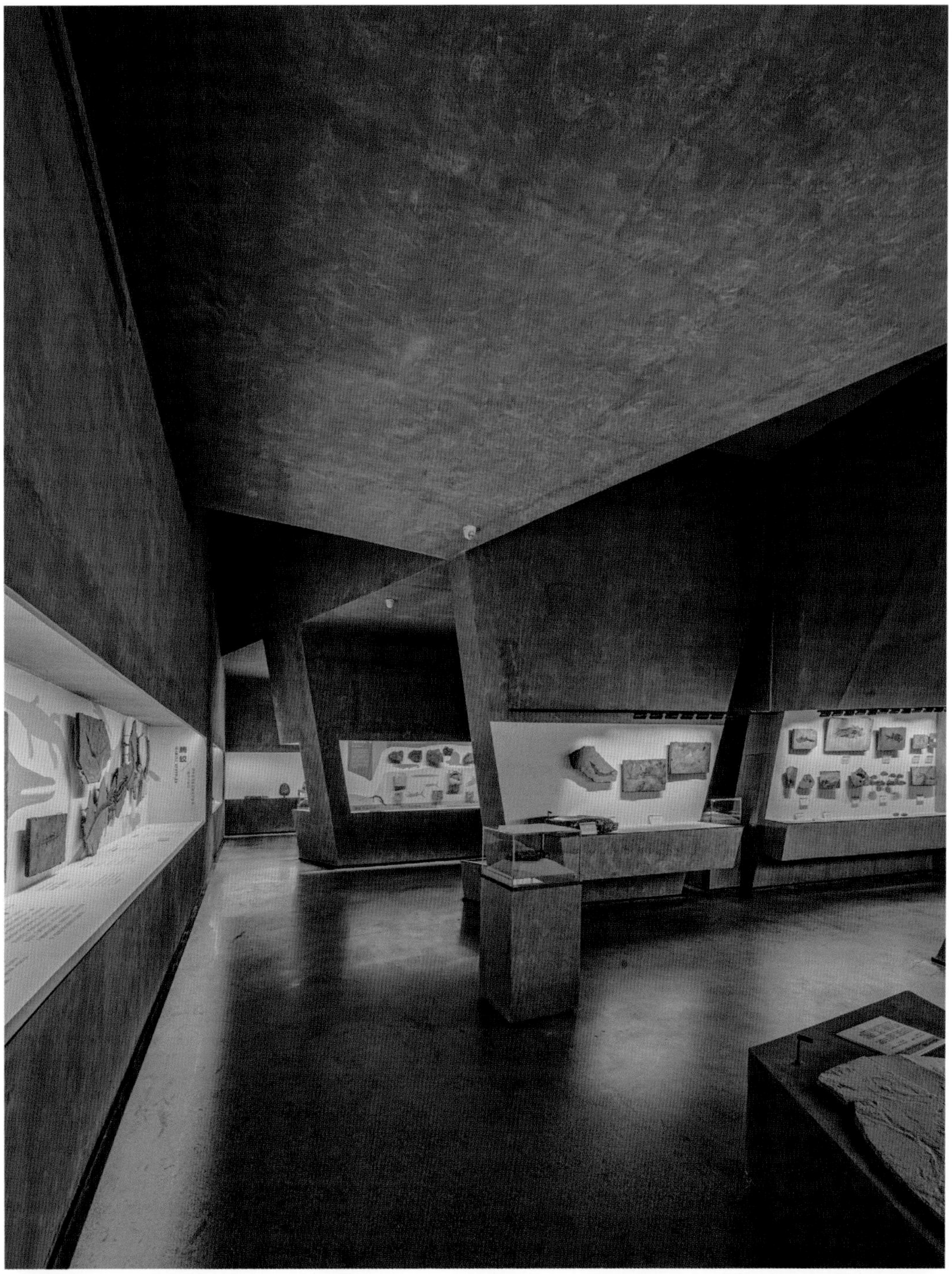

二层展开图

营造街巷

以“街巷”为切入点，营造动态生活场景

设计单位： HOOOLDESIGN 事务所
主创设计： 韩磊
设计团队： 黄德斌、李静怡
项目地点： 山西，太原
项目面积： 460 平方米
完成时间： 2021 年
项目摄影： 刘育麟
主要用材： 水磨石、水泥、木地板、石头

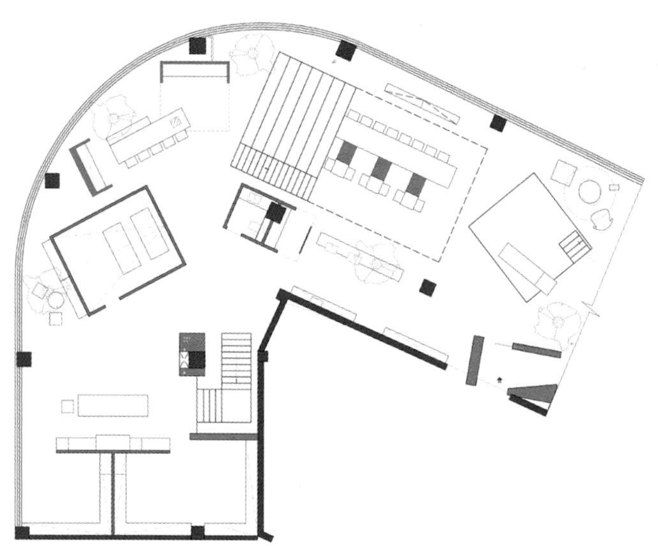

一层平面图

人造场所，场所也造人。街巷是过去市民进行日常交流的场所。随着城市的不断发展与扩张，其街巷系统也随之演变。此项目位于山西，山西从前以街巷、院落、窑洞相结合的居住形态为主，拥有许多共享的院子生活设施及景观，因此产生了很多有温度的生活场景，以及邻里之间的情感交集。

在此项目中，设计师以空间为媒介，将人与街巷相连，营造动态的生活场景；以街巷指向生活又以生活为源表达产品。

▼拓展阅读

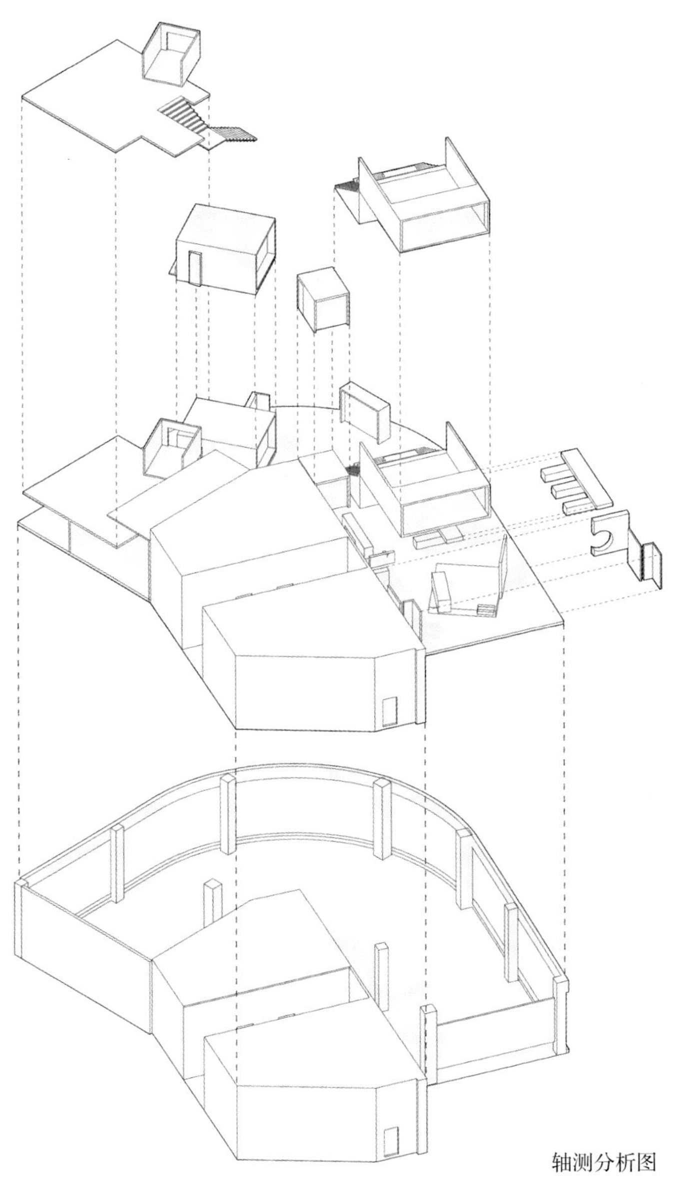
轴测分析图

轴线

勒·柯布西耶曾说，轴线作为一种指向仪器，对于建筑设计来说至关重要；布局是对轴线进行分级，也是对目的进行分级，对目的进行分类。而在此项目中，设计师用路径的概念替代轴线。

轴线可以用于确定立面和平面，也可在垂直结构中定义运动。利用轴线把建筑看作统一体，允许非方向性结构的存在。设计师用路径的矢量代替轴线，使用者的轨迹决定了空间的结构，成了建筑的“调整线”。轴线的重点才是其核心，而轴线则表现了一种连续性的体验，让整段路程和目的地一样都丰富起来。

街巷

设计师为了让街巷变得更加立体与丰富，在室内制造了多个建筑盒子，通过附加功能使其拥有更多使用与交互的可能性；此外，还让多个盒子扭转变化，达到了视觉和动线的可变性，有曲径通幽的部分，也有豁然开朗的部分。

空间可上可下、可坐可卧，不限于同纬度的体验方式。空间表皮也同样运用了很多原始状态的材质表达空间情绪，希望这个空间与使用者和体验者一同变化、一同成长。不同盒子的自由散落，自然构成了街道、景观和院落，形成了街巷生活场景，回归了社交生活状态。

LIVING AREA

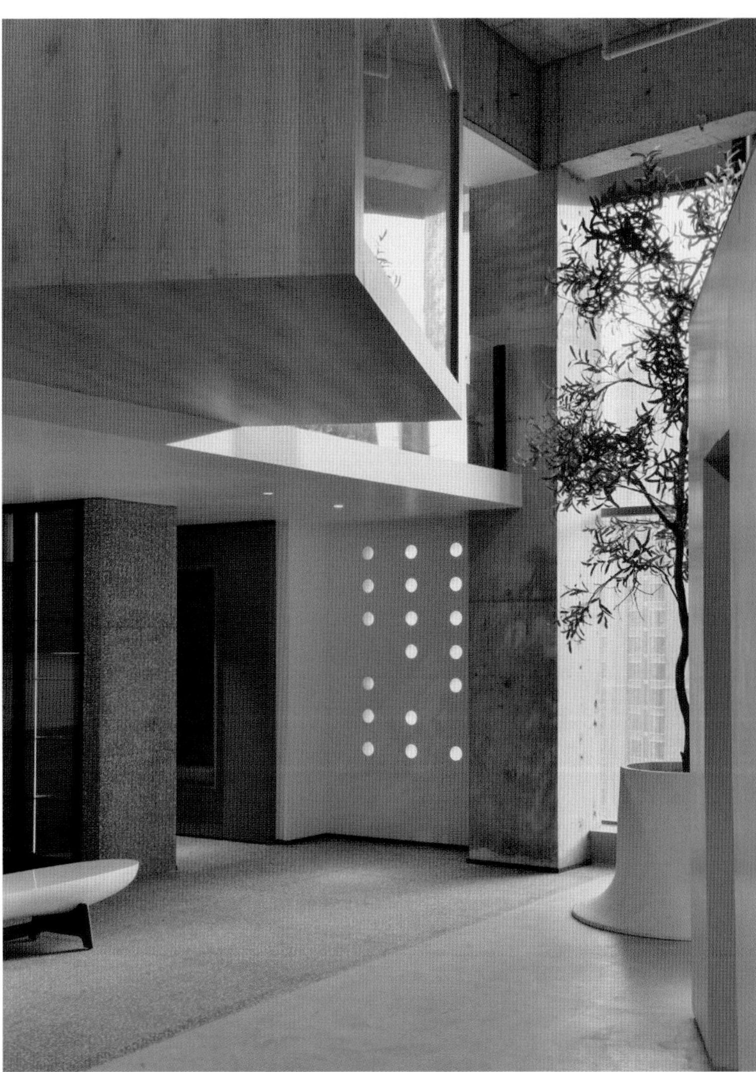

ING ROOM

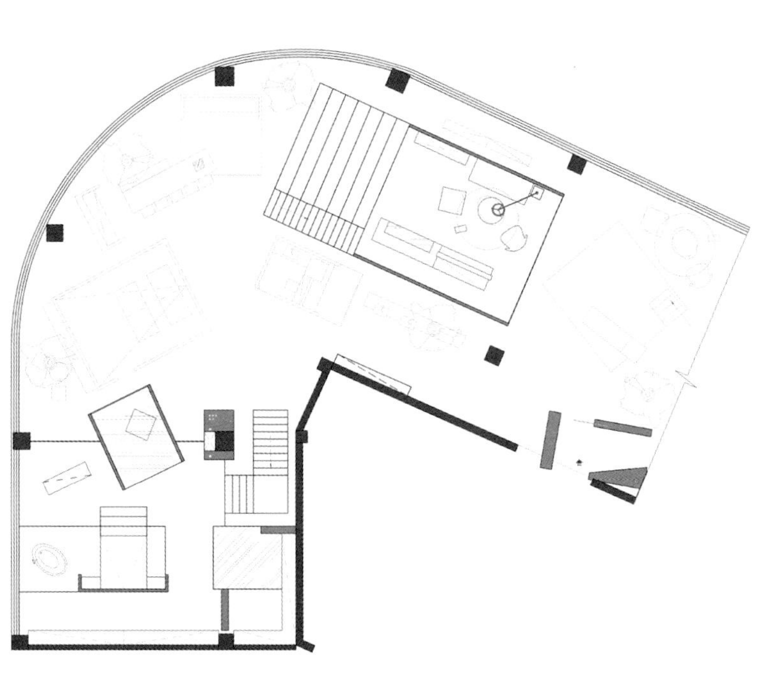

二层平面图

崖空间

孟菲斯美学的复苏

设计单位：皮爱纪设计
主创设计：李文强
设计团队：谭世杰、程亮、朱义云、陈芸芸、刘若男、王可可
项目地点：浙江，杭州
项目面积：454 平方米
完成时间：2020 年
项目摄影：邵峰

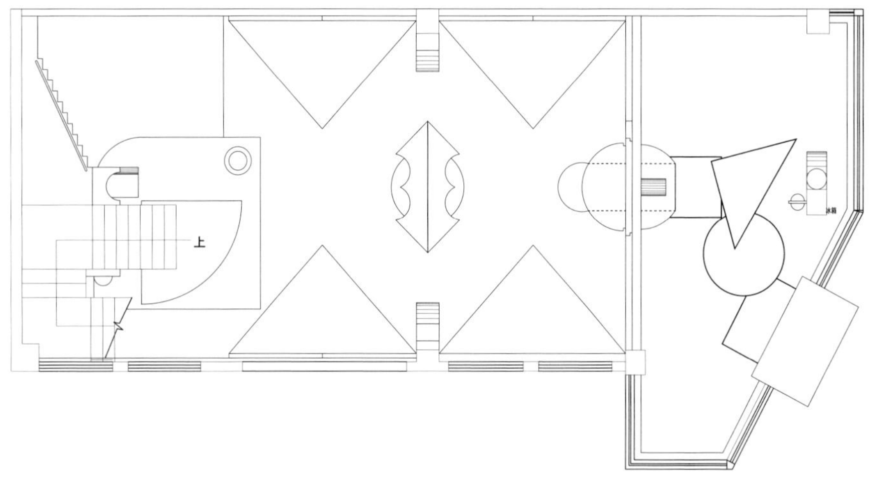

一层平面图

这是一个家具展示空间，以孟菲斯家具为主要展品。设计师为项目取名“崖空间（Ya Space）”，既暗含了美国城市孟菲斯的别名——崖城，又隐含了“Ya”所表达的惊讶之感，契合孟菲斯家具所带给人的感官惊喜。

孟菲斯崇尚不受拘束的创意探索，在现代设计中已然成为另类经典的代名词，其家具造型奇特、色彩绮丽，完全从极简风格、实用主义中解放出来。复古一直在流行，当下孟菲斯风格的强势回归可谓恰逢其时。

▼ 拓展阅读

与时俱进的革新

孟菲斯最具代表性的几何纹理和自由式构图，贯穿项目设计的各个维度。但在空间材质和色彩的选择上，设计师有所扬弃，希望以更为有质感的呈现和可持续的理念超越孟菲斯极度重视视觉效果的局限性。

以瓦楞堆叠的悬崖作为外立面造型设计的概念，奇异的视觉体验涉及复杂的工艺结构——不锈钢瓦楞板的收边与衔接，在建造过程中，设计师不断思考并改进工艺节点与材料的处理，最终完成整体效果。悬崖洞口有巨大的惊叹号装饰，牵引人们探索未知的世界。而一切已知的视觉画面都成为怪诞的异形空间的索引。

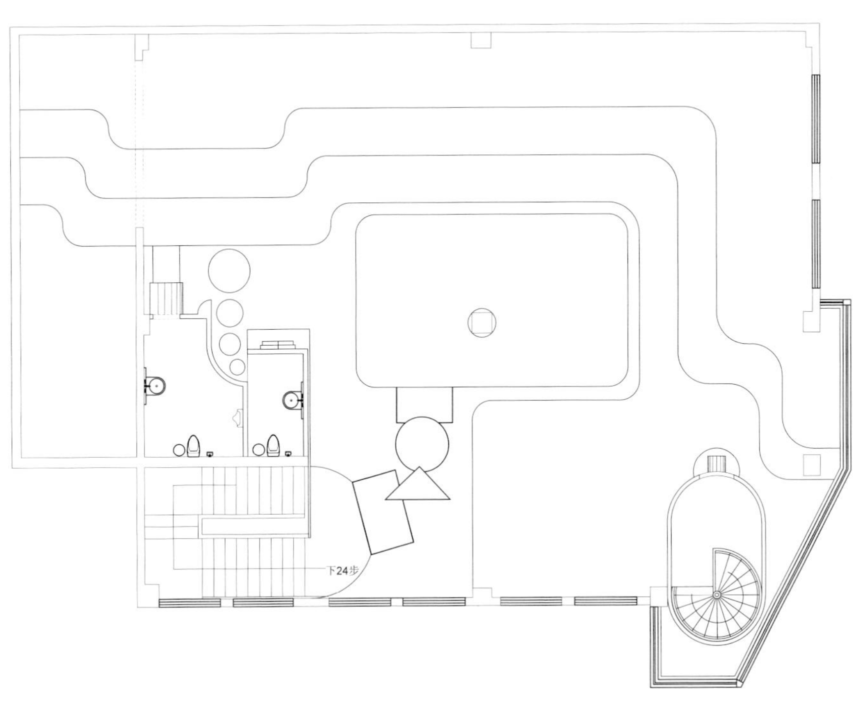

二层平面图

延续与变体

一层空间的设计围绕非常规体验展开，以魔幻拼接的图形和组合来表达空间节奏。入口处的玄关由黑色石子铺垫异形台阶，让序列呈现的几何体门洞充盈视觉画面，积木游戏的场景思维试图打破档次与阶层的障碍。空间被各种形体堆叠后形成无数个观看的视点，所有造型自身是观看点，同时又是几何切割的取景框。环状的吊顶灯箱营造犹如天光从上空漫溢下来的情境，灯体随着光线往外扩散，隐约制造出天外来物般的悬浮感。利用圆筒并排组成的吧台、摆放一个个独立不相连的金属装置的楼梯扶手，传统印象中的日常之物化作价值展示和体验的舞台。空间中大量造型结构沿用与墙壁相同的材料，仿佛是展厅里自身繁殖出来的物件。

二层空间作为完全的展厅，立面造型是可移动的几何体屏风。延续取景框的概念，让观察、欣赏的视角发生转变，全景或局部、踮脚或俯身，空间中的小趣味通过简单却精巧的布局生成。同时，它们与地面的材质一致，因而二者的关联度更大，好似向上生长蔓延的生命结构体。对于展示空间来说，延续通过取景框的概念，将所看到的画面不断切割重组，为视线范围内的空间提供了无数种可能性，观察就变得更耐人寻味了。

天空之城

“白色矩阵”工业展厅

设计单位： 季意空间设计
主创设计： 李佳
联合设计： 四川美术学院城市美学研究所
设计团队： 李佳、浮宥昔、刘心怡、李忠美、粟若宸
项目地点： 四川，成都
项目面积： 2400 平方米
完成时间： 2021 年
项目摄影： ICYWORKS

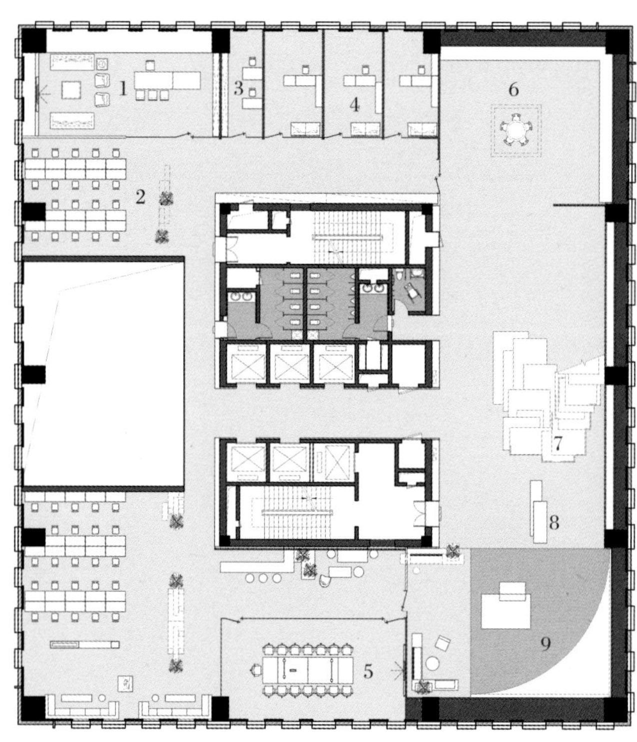

平面图
1 接待区
2 开放办公区
3 独立财务室
4 独立办公室
5 会议室
6 城市美学展厅
7 楼梯装置展示区
8 前台
9 巨幕区

毕达哥拉斯学派认为，科学的世界和美的世界是按照数组纵就绪的；美表现于数量比例上的对称与和谐，和谐起于差异的对立，美的本质在于和谐。

在科技高速发展的未来，人们远离地表之上建立起一座“天空之城”，将地面还给森林、河流，以充分释放自然资源的活力。“飘浮的城市”保护了自然生态，也为人类的未来提供了更多可能……这是一个服务于科技产业的集成空间，以上则是设计师在了解到项目的需求时提出的设计思路梗概。

▼ 拓展阅读

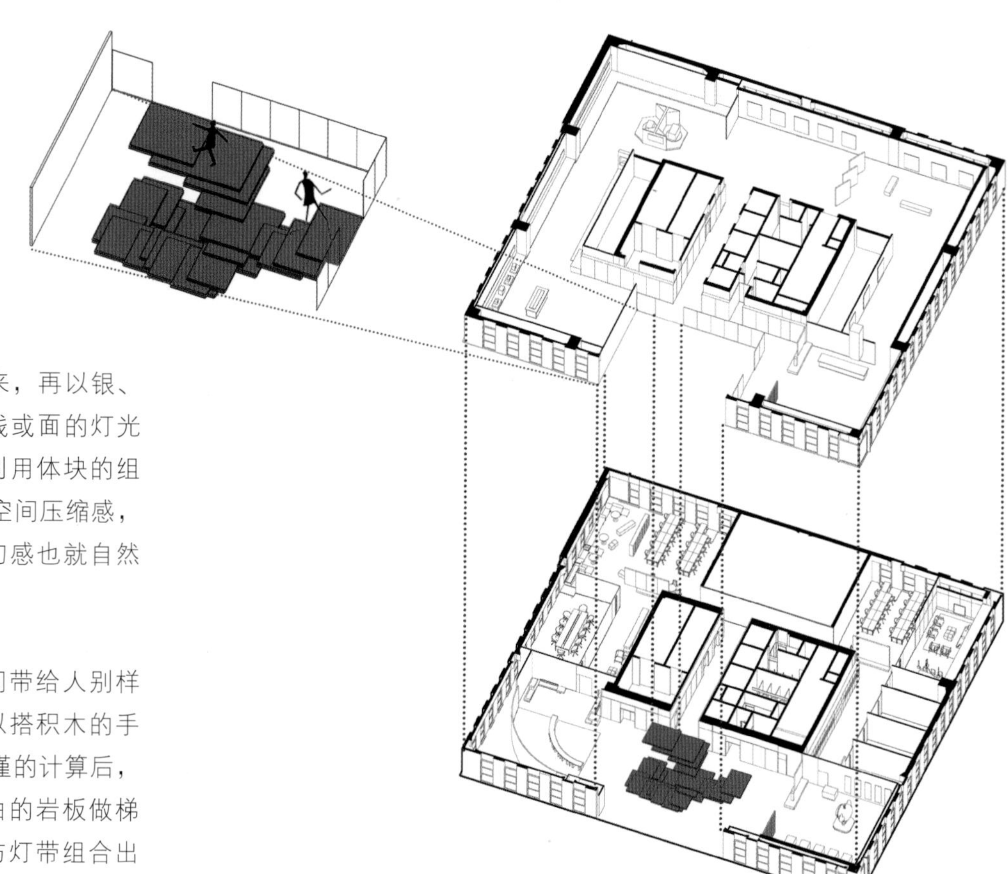

轴测分析图

营造沉浸式“未来感”

设计师用大面积的白色将空间包裹起来，再以银、白色系的不同材质去创建功能元素，搭配线或面的灯光设计，产生“多重曝光”的效果；此外，利用体块的组合，在线条与镜面的辅助下形成一定程度的空间压缩感，如此视觉“特效”的叠加，未来世界的科幻感也就自然地被强化了。

悬浮于一楼门厅的楼梯，会在第一时间带给人别样的视觉体验。楼梯几乎没有支撑点，看似以搭积木的手法随意堆叠起来，其实是经过结构工程师严谨的计算后，采用钢架、钢板搭建完成的。设计师用纯白的岩板做梯步贴面，用钢化玻璃做扶手，再将亚克力与灯带组合出的线性光源有序地拼接在梯步间。于是，这个大楼梯看起来似乎并不受重力影响，而且好像还具备某种时空传送功能。

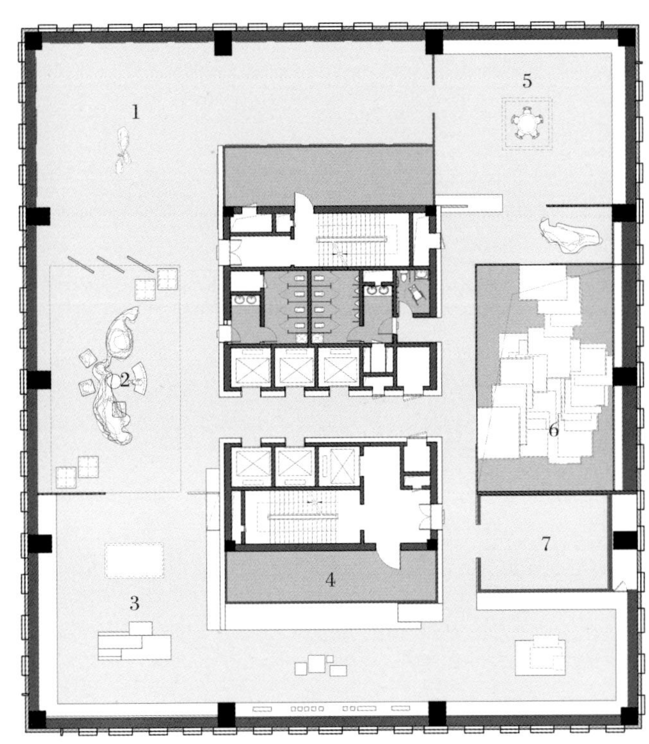

二层平面图

1 艺术展览区
2 休息区
3 工业设计区
4 储藏间
5 城市美学展厅
6 楼梯装置展示区
7 交互空间

在地計

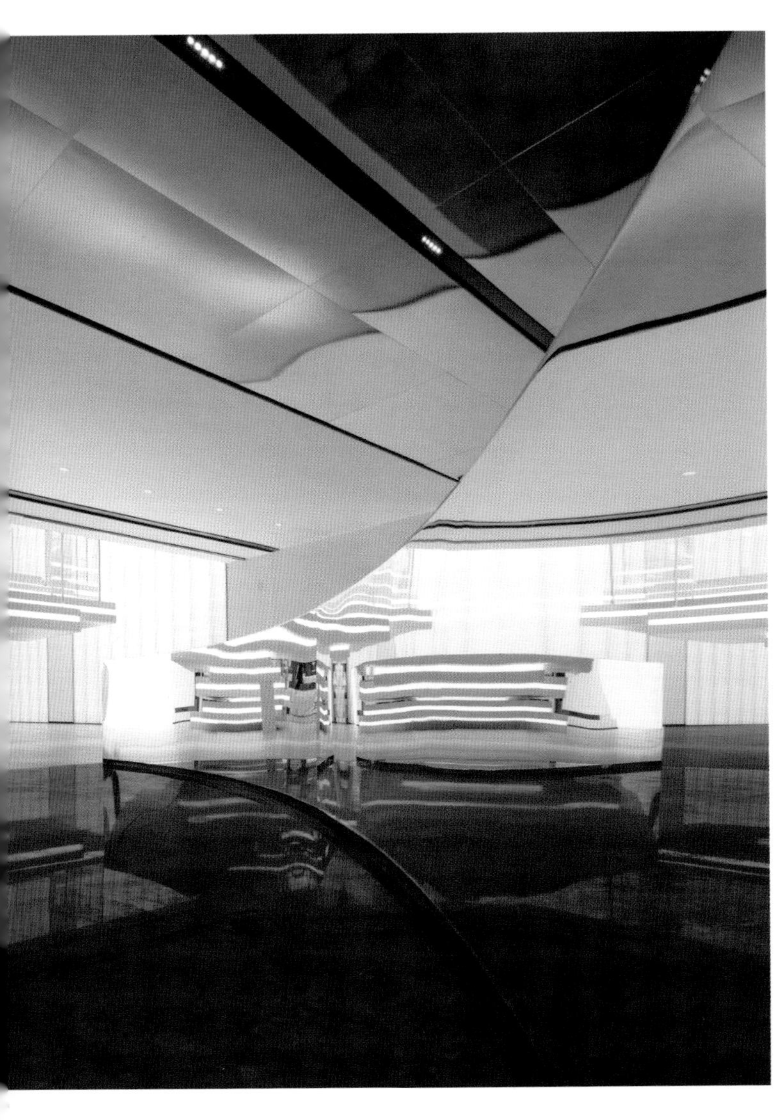

一个将要汇集人类思考衍生品的集成空间

就平面布局而言，这个两层加起来 2400 平方米的空间，并没有什么特别之处。因为使用需求简单直接，一层被划分为多个独立的办公区域，而二层则是展陈区。但这是一个错层挑高的空间，连接上下的楼梯往上可以开启两个端口，从初始到结束形成一条不走回头路的流畅动线。随着项目的推进，设计师觉得它更像是一个“矩阵”。

无论发展科技的目的是什么，也许一切思考及探索的行为，都代表着人类试图证明我们真实存在于浩瀚的星海中。尽管电影《黑客帝国》（*The Matrix*）里所讲述的是人类与人工智能间的较量，但也让我们明白人类的进化是不可逆的。

于是，我们带着对未来的期望，创造了这个充满光明的 White Matrix（白色矩阵），一个或许将成为与未来链接、交互的矩阵空间。

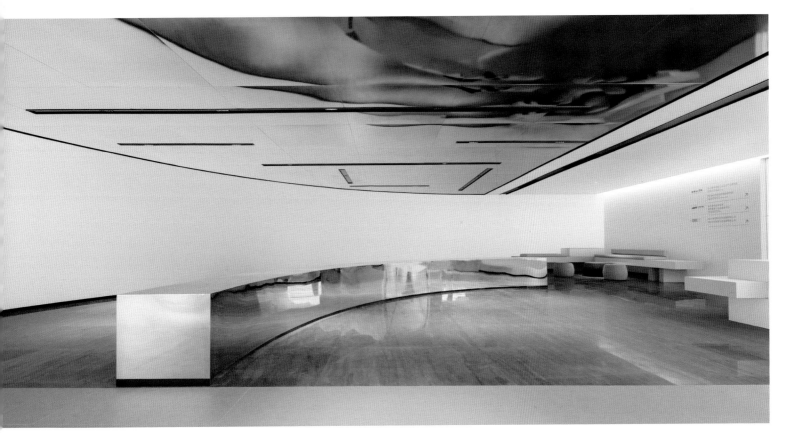

索引

图书在版编目（CIP）数据

室内中国 / ARCHINA 建筑中国编 . — 桂林 : 广西师范大学出版社，2022.8

ISBN 978-7-5598-5121-5

Ⅰ. ①室… Ⅱ. ①A… Ⅲ. ①室内装饰设计-作品集-中国-现代 Ⅳ. ① TU238.2

中国版本图书馆 CIP 数据核字 (2022) 第 104103 号

室内中国

SHINEI ZHONGGUO

责任编辑：冯晓旭

装帧设计：六　元

广西师范大学出版社出版发行

（广西桂林市五里店路 9 号　　邮政编码：541004

网址：http: //www.bbtpress.com）

出版人：黄轩庄

全国新华书店经销

销售热线：021-65200318　021-31260822-898

凸版艺彩（东莞）印刷有限公司印刷

（东莞市望牛墩镇朱平沙科技三路　邮政编码：523000）

开本：635mm × 1 016mm　　1/8

印张：77.5　　字数：310 千字

2022 年 8 月第 1 版　　2022 年 8 月第 1 次印刷

定价：598.00 元（上、下册）